彩钢板建筑群与城市

杨树文 等 著

科 学 出 版 社

北 京

内 容 简 介

本书引入彩钢板建筑群数据，辅以其他数据详细研究，阐述了彩钢板建筑群与城市空间结构之间存在的关联关系。本书首先研究了彩钢板建筑信息遥感识别提取的方法和技术，构建了深度学习样本集和模型。其次，分别对城市彩钢板建筑群时空分布特征、彩钢板建筑群与城市空间结构关系、大型彩钢板建筑群与产业园区关联性和彩钢板建筑群火灾风险评价及消防救援优化等方面进行系统研究和分析。研究结果表明彩钢板建筑是部分城市空间结构的重要组成之一，能够在一定程度上表征该城市的发展阶段和存在问题。

本书可供遥感、测绘、地理、城市规划等方面的科技工作者参阅，还可作为相关专业研究生的教学参考用书。

图书在版编目（CIP）数据

彩钢板建筑群与城市/杨树文等著. —北京：科学出版社，2023.3
ISBN 978-7-03-073617-8

Ⅰ. ①彩… Ⅱ. ①杨… Ⅲ. ①钢板-钢结构-城市建筑 Ⅳ. ①TU392.4

中国版本图书馆 CIP 数据核字（2022）第 199233 号

责任编辑：杨帅英　白　丹／责任校对：郝甜甜
责任印制：吴兆东／封面设计：图阅社

科 学 出 版 社 出版
北京东黄城根北街 16 号
邮政编码：100717
http://www.sciencep.com

北京九州迅驰传媒文化有限公司印刷
科学出版社发行　各地新华书店经销
*

2023 年 3 月第 一 版　开本：787×1092　1/16
2024 年 6 月第三次印刷　印张：11 1/2
字数：273 000

定价：120.00 元
（如有印装质量问题，我社负责调换）

前　言

　　建筑物塑造了城市的空间形态,反映了城市发展的空间特征、发展程度及城市内部的不均衡性等问题。城市空间结构能够表征城市各功能区地理位置、空间分布特征及其组合关系,其变化直接或间接地映射了城市环境改变、人口变迁及社会经济发展等问题。

　　彩钢板建筑是城市建筑物的一部分,也是比较特殊的一部分,广泛应用于居民临时住房、建筑工棚、仓库、厂房及售货亭等建设中,在一些城市的城中村、城乡接合部、城市边缘及各类产业园区中密集分布。彩钢板建筑耐火性差、易燃烧、易倒塌,着火后难以扑救且产生的烟气有剧毒,因此其高密度分布区域已成为城市火灾发生的高风险区。

　　彩钢板建筑的大量出现、密集分布现象表明了城市存在什么问题,其与城市空间结构之间存在何种关联,以及其大规模存在会对城市发展和消防等方面造成何种影响,针对这些问题均没有系统的文献论述,但已有从夜间灯光、绿地及交通等方面研究城市空间结构的示例。因此,透过彩钢板建筑群这扇"窗户"可从另一个角度揭示当前城市空间结构演变和影响因素等。

　　基于此,本书以西北重要城市兰州和银川等为研究区,以城市中存在的彩钢板建筑群为研究对象,辅以其他数据,重点研究、阐述了五个方面的问题。

　　(1)彩钢板建筑信息遥感识别与提取。在研究区,彩钢板建筑规模大、分布广,且部分位于建筑物的屋顶,颜色、纹理及材质等均不同于固定建筑物。因此,高分卫星是获取大范围彩钢板建筑信息的最佳手段。然而,不同材质、不同时间、不同颜色等彩钢板建筑在高分影像中具有明显的光谱和纹理等差异,如何高精度快速地识别、提取信息是难题,目前,还没有彩钢板建筑群的公开数据集可用。为此,本书基于高空间分辨率影像制作了首个彩钢板建筑样本数据集,并基于深度学习改进算法构建了神经网络自动提取模型,实现了彩钢板建筑信息的高精度自动识别和提取,为后续研究提供了可靠的基础数据。

　　(2)彩钢板建筑群时空分布特征。研究中发现,相关研究区中彩钢板建筑聚集特征明显,成片出现,且在不同类型的城市具有明显的时间演变规律,与城市建设和演变息息相关。为此,本书从时间和空间演变两个方面对研究区的彩钢板建筑群进行分析。在时间方面,从方向性、聚散性、均衡性等方面揭示了兰州市安宁区彩钢板建筑群在 2005 年、2008 年、2014 年和 2017 年四个时间点的分布规律;利用标准差椭圆和 G_i^* 指数等方法从分布趋势和热点区域演化两个方面,分析了彩钢板建筑群在上述四个时间点上的空间演变特征。在空间方面,基于核密度估计法分析了彩钢板建筑的空间聚集特征,利用标准差椭圆揭示了不同面积大小的彩钢板建筑群空间分布方向,运用缓冲区分析等方法研究了彩钢板建筑群空间扩展的距离、中心线及方向等问题。

(3)彩钢板建筑群与城市空间结构关系。研究中从表象上发现城市彩钢板建筑群的时空演变与城市的演变密切相关,与城市形态结构、经济结构和社会结构等城市空间结构具有良好的映射关系。为量化分析二者之间的关系,本书从三个方面展开研究:首先,通过关键影响因子的选择,利用地理探测器、多元线性回归分析等方法研究了彩钢板建筑与关键影响因子的相关性。其次,分析了彩钢板建筑群与城市空间结构的耦合关系,重点从道路形态、工厂、企业、居民小区、学校四个方面研究彩钢板建筑与城市空间结构的耦合量化关系。最后,高度聚集的彩钢板建筑群因材质而形成新的城市热源,为研究其对城市热环境的影响,以兰州市为例系统地研究了彩钢板建筑群聚集密度与热岛效应的相关性。

(4)大型彩钢板建筑群与产业园区关联性。研究发现,面积大于 $500m^2$(统计结果)的彩钢板建筑主要分布于在建或近年来新建的产业园区中,且不同类型的产业园区中彩钢板建筑单个面积大小、群聚特征等具有明显差异,但二者之间均具有良好的时间、空间对应关系。为揭示二者之间存在的关联性,本书从三个方面进行研究:首先,运用统计学以及多种空间分析方法从空间分布均衡度、空间分布格局和空间集聚程度对银川市彩钢板建筑的空间分布特征、集聚特征进行分析。其次,多角度研究了产业园区的时空格局演变,通过历史遥感影像、高德地图和网络爬虫等方式获取产业园区位置和范围数据,并分析其发展方向和趋势、热点区域、集聚特征等变化规律。最后,初步量化分析了彩钢板建筑群与产业园区的时空耦合关系。

(5)彩钢板建筑群火灾风险评价及消防救援优化。彩钢板建筑群高度聚集,其材质易燃且难以扑救使得其高密度聚集区域成为城市火灾的高风险区。为评价彩钢板建筑群重点区域火灾风险及分析现有消防站点空间布局的合理性,本书以兰州市为例从两个方面开展了研究:首先,针对彩钢板建筑群地理位置的特殊性及其与兴趣点(point of interest, POI)、火灾点的空间关系,对彩钢板建筑群、POI 及火灾点的空间耦合特征做了分析;其次,基于彩钢板建筑群、POI 和城市火灾等数据,采用核密度分析、相关性计算等方法划分了研究区内火灾风险等级,并利用"位置-分配"模型结合优化目标进行模拟运算,实现了对现有消防站点空间布局的优化处理。

本书基于国家自然科学基金"基于高分辨率卫星影像的彩钢板建筑与城市空间结构演变关系研究"(项目编号:41761082)和"西北重点城市彩钢板建筑群与产业园区时空关联关系"(项目编号:42161069)项目完成,并受国家自然科学基金项目和兰州交通大学测绘与地理信息学院共同资助出版。

本书是在笔者指导的研究生李鹏元、马吉晶、王金梅、高丽雅、宋郤、申顺发和张乃心等毕业论文基础上撰写而成的,在此对他们在课题研究及本书撰写过程中给予的支持、帮助表示衷心的感谢!在课题研究及本书撰写过程中,北京大学杜世宏教授,西北师范大学潘竞虎教授,兰州交通大学闫浩文、周亮教授等给予了大力支持、指导和帮助。此外,兰州交通大学测绘与地理信息学院的研究生王文达、洪卫丽、苏航、寇瑞雄、李玉清、雒亚文、薛庆、闫恒等进行了文字校正等工作，在此谨向他们表示诚挚的感谢！

　　书中部分观点是在现有数据计算和调研基础上得出的，仅代表学术研究的结论。由于作者水平有限，书中难免有不足和疏漏之处，有引用不当或不全之处，敬请读者批评指正。

杨树文

2022 年 4 月 20 日

目　录

第 1 章

绪　　论

1.1　研究背景及意义

彩钢板建筑是指以彩钢板为主要材料搭建的建筑物，又名彩钢板房或彩钢棚（刘道春，2015）。其因外观漂亮、建筑成本低廉、重量轻及建设速度快等特点，成为临时建筑物的首选，被广泛应用于居民临时住房、建筑工棚、仓库、厂房及售货亭等（马吉晶等，2018）（图 1.1）。

(a)物流仓库　　　　　　(b)工厂车间　　　　　　(c)临时工棚　　　　　　(d)城中村临时住房

图 1.1　不同类型彩钢板建筑

随着"一带一路"倡议的提出和"西部大开发"等国家重大战略的实施，兰州、银川等省会城市（自治区首府）作为西北重镇，是城市转型升级、城市化快速发展的重要节点。东部企业规模性西迁、城市化进程加快等因素共同促使在城市中的城中村、城乡接合部、产业园区（以工业园区为主）、建筑工地及道路沿线等地块大量建设彩钢板建筑物，其成片出现，具有很强的聚集特性而成为彩钢板建筑群，塑造了较为特殊的城市"地貌"。部分地块的高分影像如图 1.2 所示，其中大部分彩钢板建筑物呈现为规则的蓝色构造物，部分为土黄色、红色等。

(a) 兰州市王家庄　　　(b) 兰州经济技术开发区　　(c) 银川金凤工业园区　　(d) 宁夏永宁工业园区

图 1.2　城市部分地块彩钢板建筑群（天地图/Google Earth）

彩钢夹芯板的材料主要为岩棉、聚苯乙烯和聚氨酯等，具有耐火性差、易燃烧、易倒塌等特性，其燃烧快速且难以扑救，产生的烟气有剧毒等（宋晓勇，2011）。在临时性彩钢板建筑较为集中区域，人口、建筑密度大及规划不科学等因素造成消防通道不畅，从而成为城市火灾的高发区（迟佳萍等，2019）。据不完全统计，2010 年以来，全国发生彩钢板建筑火灾事故多达 897 起，共造成 102 人死亡，55 人受伤，经济损失达 1 亿多元（李可明，2016）。此外，大部分彩钢板建筑因材质、临时性和施工质量等，成为劣质和非绿色建筑的代名词，是环境监管、城市化质量及城市形象提升整治的重点（熊云川，2016）。

彩钢板建筑的大量存在，一方面映射了城市发展的进程，是城市转型升级的阶段性表征，具有重要意义（王金梅等，2019）；另一方面彩钢板建筑的材质存在燃点极低、燃烧后蔓延速度快、倒塌快及散发气体有毒等缺陷，导致彩钢板建筑群聚集区成为违章建筑和火灾防范的重点安全监管区，对城市的管理和安全带来隐患。

目前，针对彩钢板建筑的研究主要集中在城市小规模违法改建、材质的易燃性和个别火灾案件上（胡鹏，2020；张涛和李强，2020），而针对其在城市中的时空分布及演变规律、与城市空间结构关系、区域性火灾风险及高风险区消防救援措施等方面的研究明显不足（Yang et al.，2018）。由此，本书对彩钢板建筑信息遥感识别与提取、彩钢板建筑群时空分布特征、彩钢板建筑群与城市空间结构关系、大型彩钢板建筑群与产业园区关联性，以及彩钢板建筑群火灾风险评价及消防救援优化五个方面的问题进行了阐述，分析了彩钢板建筑群对城市发展的表征和影响，有助于促进城市管理、防灾减灾等工作的开展。

1.2 国内外研究现状

彩钢板建筑是城市建筑物的一部分，与城市发展密切相关（张小虎等，2013）。然而，彩钢板建筑在城市中大规模出现的时间不长，在不同城市发育的规模、用途等差异巨大，没有引起学界对其本身及其与城市关系的重视，相关研究较少，且多集中在材质和火灾风险等方面。彩钢板建筑多分布于固定建筑物（水泥材质）之上，材质相对特殊，在高分影像上具有比较明显的光谱和空间特征，因此，遥感是获取彩钢板建筑信息的最佳手段。基于此，本书从彩钢板建筑遥感提取、彩钢板建筑与城市空间结构的关系及其火灾风险等方面尝试阐述相关的研究进展。

1.2.1 彩钢板建筑遥感提取

彩钢板建筑是较为特殊的一类建筑物，国内外相关研究对其遥感识别和提取的方法鲜有涉及，仅笔者团队做了一些初步探索。例如，李鹏元等（2017）利用 GF-1 遥感影像采用面向对象的多尺度分割算法，构建了多尺度分割的知识决策树模型，初步实现了彩钢板建筑信息的提取，但该方法人工干预较多，效率不高。彩钢板建筑在材质、涂色和外观结构等方面均存在一定差异，增加了图像识别的难度。为更准确地提取目标信息，在后续研究中不断借鉴其他建筑物提取的方法和技术，重点研究了深度学习算法（申顺发，2021），以构建新的更有效的提取方法。

1. 建筑物提取方法

建筑物因其独特的几何特征，在高分影像中特征相对比较明显。为此，学者们提出了一些理论和方法较为有效地解决了目标信息的识别和提取（张庆云和赵冬，2015），概括起来，这些研究方法大致可归类为边缘检测和区域分割两大类。

1）边缘检测

边缘检测方法提取的原理为，先根据影像中建筑物边界灰度值变化程度，运用边缘检测算法得到建筑物边缘特征；然后利用空间关系对连续变化的点进行分组，并在此基础上结合已获得的先验知识完成图像空间结构、边缘轮廓的绘制，最终得到建筑物空间结构信息。

在研究中，学者们提出很多卓有成效的方法。例如，Kim 和 Muller（1999）等根据建筑物具有较明显的几何特征的特点，运用图搜索的思路，基于投票的方法辅助完成了建筑物结构的提取。然而，该方法不适用于几何特征不明显建筑物的提取，普适性不足。陶文兵等（2003）对 Canny 边缘检测算法进行了改进，在原算法的基础上融入了几何结构元分析方法，较为有效地提取了建筑物信息。在此基础上，王丹（2009）基于高分辨率影像采用 Canny 边缘检测算法分割建筑物边界与背景，并对边界信息进行了跟踪处理，根据建筑物主线的相互关系并结合区域分割的思想实现了建筑物边界信息的提取。然而，验证和文献分析表明基于边缘检测的建筑物提取方法不适用于较复杂的影像环境，且精度难以保证。

此外，一些研究者认为可以根据建筑物的纹理特征实现建筑物信息的识别。例如，Lin（1994）通过分割产生的特征碎片并借助感知分组技术，排除与建筑物属性不相符的其他碎片，并用阴影作为辅助信息实现了复杂城市环境下建筑物信息的提取，其精度优于一般建筑物提取方法。Levitt 和 Aghdasi（1997）采用纹理度量的方法将影像中的建筑物与一般地物进行分离，实现了建筑物的提取。Katartzis 等（2001）在提取建筑物边界信息的基础上，将马尔可夫模型和单一机载 RGB 光学影像进行组合，实现了建筑物信息的自动提取。另一些学者认为可采用角点检测算法提取建筑物，角点检测算法区别于边缘检测算法，该方法在检测过程中，将角点定为邻点变化较大的点，角点测定依据为灰度、梯度变化评估。例如，Jung 和 Schramm（2004）采用 Hough 变换算法对屋顶角点进行检测，并利用建筑物的几何特性进行约束，从而实现了建筑物信息的提取，但该方法不适用于非常规建筑物，因此普适性不足。在此基础上，崔有祯等（2013）采用改进的 Harris 角点检测算法对不同改进算法进行角点检测和叠加，提高建筑物轮廓提取的精度。这些方法的探索对建筑物信息的遥感提取都起到了较好的促进作用。

2）区域分割

根据文献分析，区域分割建筑物提取方法大致可分为三种：一是基于区域生长的方法，通过单个像素逐一组合，逐渐合成目标对象；二是四叉树算法，由整幅影像逐级向下分裂为小目标的分割算法；三是分水岭分割算法，以邻近像素间的相似性为基准，将在空间位置上相邻并且灰度值相近的像素点互相连起来构成一个封闭的轮廓作为分割基础。

其中，分水岭分割算法被广泛应用，学者们对该算法进行了一系列研究和改进。分水岭分割算法由 Vincet 和 Soille（1991）首次提出，其基本思路是将整张图像看作地学上的地貌特征，地势的海拔由图像中每个像素的灰度值表示，将数值高的点看作山峰，而将数值低的点看作山谷，模拟不同颜色的水注入山谷的过程，在交汇处建起的堤坝则代表分割特征的边缘。该算法具有较好的普适性，基于此，魏德强（2013）基于 QuickBird 影像，利用分水岭分割算法实现了建筑物信息的提取，且其几何规则被较好地保留。赵宗泽和张永军（2016）在分水岭分割算法模拟注水的过程中引入了植被指数，取得了良好的分割效果。

为进一步提高建筑物信息提取的精度，充分利用建筑物整体分布、走向和几何特征等信息，根据存在表达方式和计算方法的差异，学者们提出了分形网络演化（fractal net evolution approach，FNEA）和均值移动（mean shift）的思路。其中，分形网络演化是比较实用的且较为成熟的多尺度分割方法。均值移动由 Fukunaga 和 Hostetler（1975）提出，是一种非参数化的提取方式，并行处理像素的同时将具有相同模态的特征聚成一类，不需要过多的人为干预。基于此，黄昕（2009）提出了自适应均值移动的分割算法，对不同类别的地物确定自适应带宽，以此聚合影像的空间特征。朱双志（2012）提出了一种可以较好聚集光谱同质像素点的改进均值移动算法，实现了建筑物信息分割的目的。

综上所述，现有建筑物遥感提取方法在目标区域提取中较为实用，但仍存在一定的待改进之处：①分割算法对建筑的判断过于依赖建筑物几何特征（如线性、角点、边缘特征）、纹理、颜色、空间特征等，部分算法需要以人的先验知识为辅助才能完成建筑物轮廓的提取，局限明显，不适用于形状不规则建筑物信息的提取；②只适用于数据量较少的数据集；③针对地物类型复杂且建筑物具有不同几何、纹理、光谱等特征时，仅依靠几何形状、空间、颜色等特征难以准确提取所有建筑物的信息；④提取方法虽然具有一定的实用性，但实操过程相对复杂，自动化程度不高。

2. 深度学习算法

近年来，随着计算机性能及深度学习算法的不断完善，学者们将深度学习算法大量用于遥感目标的识别和提取，取得了较好的成果（张浩然，2021；刘明春，2019）。建筑物本身的复杂性、高分影像中建筑物细节特征突出等使得仅依靠光谱反射率难以有效识别和提取目标信息。由此，深度学习算法被广泛应用于建筑物信息提取，其中以卷积神经网络（convolutional neural network，CNN）的应用更具代表性（李晨溪等，2017；Russakovsky et al.，2015）。学者们进行了大量研究工作，如 Mnih（2013）使用马萨诸塞州道路数据集，对基础网络模型、融入条件随机场网络模型及后处理模型等进行对比分析，取得了较好的提取效果。在此基础上，Saito 和 Aoki（2015）、Saito 等（2016）利用 Mnih 博士的公开数据集改进了网络模型，构建了一个新的损失函数 CIS，创建了由建筑物、背景标签和道路进行叠加形成的三通道新的数据集，有效地提升了提取精度。

上述算法虽然能够提取大部分建筑物信息，但是基于对像素级语义层面的切割算法通过卷积神经网络进行处理，导致内存工作量的负担极大，影响计算效率，限制了可感知区域的大小（谷明岩，2020；Guo et al.，2016a）。由此，全卷积神经网络（fully convolutional neural networks，FCN）应运而生（Long et al.，2015），它去除了传统 CNN 中的全连接层，对末端的特征图进行反卷积，生成与输入图像分辨率相同的分割结果，从而实现了像素级的高精度分类（宋青松等，2018；Maggiori et al.，2017；Marmanis et al.，2016）。例如，Ronneberger 等（2015）以 FCN 框架为基础，对网络模型进行改进，将每层编码器产生的结果与解码器结合，连接了上下文信息，从而获得了更好的提取效果。左童春（2017）对 FCN 网络进行了改进，将低级尺度不同特征融合到高层中，融合不同层级特征的同时对神经网络模型的运算进行了简化，在保证精度的前提下，提高了建筑物信息识别的效率。

　　然而，网络深度、特征维度逐渐提升之后，容易造成细节信息提取的遗漏。由此，一些学者提出了 "U" 形卷积神经网络（U-net）（Ronneberger et al.，2015）和语义分割（Segnet）（Badrinarayanan et al.，2017）等方法。其中，U-net 以 FCN 为核心，选用结构上的对称设计，有效融合了低维、高维的特征，提升了目标识别的准确度。这些神经网络内部的采样同样包括反卷积层，虽能够将特征图呈现得和原始状态相同，但在遥感影像提取中仍会导致部分特征信息的丢失。基于此，Chhor 等（2017）在 U-net 模型的基础上，采用 Adam Optimizer 取代随机梯度下降算法，适当增加了批量化、标准化的加速训练，损失方面使用 Dice 系数从而有效地提升了影像中建筑物信息提取的精度。Ye 等（2019）利用超高分辨率航空影像基于联合注意力网络模型实现了建筑物信息的自动提取。此外，伍广明等（2018）在传统的 U-net 的基础上，提出了双重约束网络，对参数的更新进行了改进，提高了目标提取的准确度。王宇等（2019）以 ResNet 为基础网络，以 Encoder-Decoder 为框架，并与 ResNetCRF 分割方法融合，该方法可以精确识别建筑物的边缘信息，但在实际运用中存在一定不足，如无法识别细小建筑物，对于边缘信息不明显、颜色与背景相似的建筑物容易错分或漏分等。

　　针对一些深度学习算法提取建筑物边界时存在不连续的问题，范荣双等（2019）针对性地在网络模型构建中融入自适应池化模型，取得了较好的效果。但是该算法还存在一些缺陷，如框架中使用的激活函数无法激活所有神经元，网络结构较单一及在进行多次池化操作时容易丢失细节信息等。为此，Liu 等（2019）在研究中融入空间金字塔池化（spatial pyramid pooling，SPP），实现了多尺度上下文信息的有效捕捉。此外，杨嘉树等（2018）提出了基于局部特征的建筑物信息提取模型，其原理是将建筑物与背景准确分离，根据分割结果确定网络识别窗口出现的图像，再将这部分图像输入进行识别。该方法有效降低了模型的复杂度，但其过于依赖分离得到的特征信息。

　　综上所述，基于深度学习方法提取建筑物信息已成为目前应用、研究的趋势。在高空间分辨率影像中，彩钢板建筑物细节特征明显，涂色差异大、纹理不一、光照角度差异及仿古建筑物等因素均影响了提取精度。因此，需在现有深度学习方法的基础上，针对性地构建适合彩钢板建筑物信息识别、提取的数据集和方法。为此，本书提出了多种改进模型，以适应不同场景下信息的高精度提取。

1.2.2　彩钢板建筑与城市空间结构的关系

彩钢板建筑群作为城市的一部分，其时空分布和聚集特征与城市空间结构之间存在千丝万缕的关系（马吉晶，2019；王金梅，2019），然而针对彩钢板建筑的研究主要集中在材质和火灾上，对其时空分布特征及其与城市的关系研究严重不足。因此，本节从城市空间结构演变、彩钢板建筑群时空分布与城市关系、彩钢板建筑群与城市热岛关系等方面展开研究。

1. 城市空间结构演变

1）城市空间结构

城市空间结构又称城市内部结构，是一套组织规则，连接城市形态和子系统内部的行为和相互作用，并将这些子系统连接成一个城市系统（柴彦威等，2021；Bourne，1982）。其中，城市空间形态是城市空间结构的载体（王兴中，2004；Gallion，1983），是城市区域内单个城市要素（如建筑物、土地利用、经济活动、社会群体、公共机构等）的空间状况和布局（周春山和叶昌东，2013；冯健和刘玉，2007；冯健和周一星，2003）。

长期以来，国内外多个学科研究人员都从不同角度积极对城市空间结构进行深入研究，取得了丰硕的研究成果（Li，2015；Zhong et al.，2014；Woo and Guldmann，2011）。其中，周春山和叶昌东（2013）系统地总结了中国城市的空间结构问题，在比较当前国际相关研究的基础上提出了中国城市空间结构研究领域应该关注新城市空间现象，应该注重中、微观尺度的问题研究。王鹏程和宗会明（2014）分析了物流业对城市空间结构影响的表现及其机制，认为其主要表现在经济和政府两个方面，空间布局能够促进城市空间的扩展，改变城市土地的结构和功能。方大春和孙明月（2014）指出高铁的建设显著地提高了城市间的引力和交通可达性，加强了沿线城市之间的交流，促进资源的重新配置。宗会明等（2015）以重庆市主城区为典型案例分析，认为物流园区影响城市空间结构的四种机制包括垄断机制、地价机制、配套机制和集聚机制。

综上所述，中国城市空间结构的系统研究目前处于对中国城市空间结构模式的总结及新城市空间现象的多元化研究时期（冯健等，2021）。随着城市化、信息化的快速发展，中国城市空间结构面临关键转型，相关研究日益受到重视。其中，新城市空间现象或特殊地物是当前城市空间结构演变的重要诱因之一，而基于新技术、新方法及微观空间尺度等对城市空间结构演变的深化研究和应用又是未来一段时间城市空间结构研究的重点方向。

2）新城市空间现象与城市空间结构演变

近年来中国城市中新型城市空间要素和新的空间形式不断出现，如商品房住宅区、彩钢板建筑区、城中村、开发区、城市新区和郊区化等现象在一些城市中表现十分明显。这些新城市空间现象的出现，塑造了新的城市空间形态，改变了城市的空间形态结构，影响了社会、经济等各方面。随之，相关研究如雨后春笋，一系列研究方向被开拓，如通过分析商品住宅价格的空间结构和分异规律，反演分析了城市空间结构的演变特征（王霞和朱道林，2004）；通过对高速铁路空间布局的分析，研究其对城市空间结构及城市群演变的影响（Yin et al.，2015；Shen et al.，2014）；基于密度的聚类算法（density-based spatial clustering of applications with noise，DBSCAN）研究了城市区餐饮集群及其空间特征，分析了其对城市空间形态和空间结构的影响特征（宋雪娟等，2011）。

3）基于遥感、地理信息系统及其他新技术的城市空间结构演变

传统城市空间结构的演变研究多以宏观分析或统计计量为主要研究方法，这类方法要求相关数据能够直接获取。随着遥感（RS）及地理信息系统（GIS）等技术的发展和完善，"间接式"地获取城市发展信息已成为一种趋势（冯健和柴宏博，2016），其遵循"由 A 及 B"的思路，即通过 A 事物揭示 B 事物，A 与 B 之间是部分与整体、现象与本质或其他相关关系。例如，一些研究分析了交通网络、土地利用结构、建筑物等与城市空间结构的关系（王法辉等，2014；Herold et al.，2002），一些研究分析了城市空间结构与道路、人口及 GDP 等社会经济要素间的相关性（魏伟等，2012；范科红等，2011），另一些研究基于景观格局角度研究了由此形成的城市小气候，其他研究还从夜间灯光数据入手，将其广泛应用于城市空间结构的反演（Pandey et al.，2013；Liu et al.，2012）。

4）基于微观空间尺度的城市空间结构演变

微观层次的城市物质空间结构研究是指通过分析某单一景观的空间分布特征（Wagner and Wegener，2007），从中反演出与此相关的城市形态。RS 和 GIS 等技术的快速发展，以及地理国情监测、经济普查、人口普查等相关统计数据的日益完善，为城市的微观空间尺度研究提供了基础数据。为此，学者们进行了大量卓有成效的工作，如 Liang（2009）基于城市人口数据，采用城市影响域的距离衰减模型，计算了城市重力场的分布。秦波和焦永利（2010）结合特征价格模型和莫兰指数，对北京市住宅价格随机样本进行了定量分析，发现城市功能结构能够影响城市空间结构。梁辰等（2012）以大连为研究对象，基于城市空间地理信息，结合分形几何理论和空间重心理论，综合考虑城市社会人口、产业经济等因素，研究了港口城市空间结构的演变规律。王法辉等（2014）从交通网络和交通流的角度，研究了其与城市规模和城市内部结构的关系，并将微观尺度和宏观尺度的地理环境影响联系起来。此外，部分学者从制造业空间格局（Syamwil and Tanimura，2000）、建筑物空间分布（杨永春，2008）及大型商业网点区位特征（王士君等，2015）等方面对城市空间结构进行了微观尺度的研究和分析，有效地揭示了城市演变过程中的影响因素和规律。

2. 彩钢板建筑群时空分布与城市关系

在研究区及其他城市中，部分地块密集分布着大量的彩钢板建筑，其成片出现，聚集成群。作为城市建筑物的一部分，其表达了微观尺度的城市空间现象，是一种新的城市现象，改造了城市的空间形态，与城市发展变化息息相关，应该受到足够的重视。

目前，针对彩钢板建筑的研究主要集中在彩钢板建筑火灾隐患及违章建设等方面，而针对彩钢板建筑群空间分布形态、变化规律及其对城市空间结构影响等的研究很少，仅笔者团队做了一些初探。例如，李鹏元（2017）分析了兰州市安宁区彩钢板建筑物的空间分布特征，重点研究了用于临时住房的小型彩钢板建筑物和工业用途的大型彩钢板建筑物，并初步探析了彩钢板建筑群空间分布与城市空间结构的关系。马吉晶等（2018）、Yang 等（2018）对兰州市安宁区彩钢板建筑群时空变化的分析，表明近年来兰州市安宁

区彩钢板建筑物的数量急剧上升，其空间分布具有明显的聚集特征和延展方向性。研究还发现人口密度、人均 GDP、人均住房建筑面积、房地产投资、工业经济效益综合指数和工业企业单位数量等是影响彩钢板建筑数量、发展规模和空间布局的重要因素（马吉晶，2019）。此外，兰州市彩钢板建筑空间分布的重心在城市道路交叉口处较密集，整体分布方向与黄河流向一致，纵向与主干路方向一致（王金梅等，2019；Wang et al.，2019）。进一步研究发现，彩钢板建筑群时空分布规律与道路形态、企业、居民小区及学校等存在密切关系，可进行量化分析（王金梅，2019）。

彩钢板建筑作为城市的一部分，其发育、空间分布受城市发展水平和空间结构限制，呈现出一定的分布规律，同时受各种社会及自然因子影响，彩钢板建筑群时空分布及其成因有章可循。然而，现有研究还不够深入、完善。因此，本书借鉴了一些其他城市要素时空分布规律及对城市空间结构影响的文献，以拓展研究思路和方法。例如，肖琛等（2013）以南京市为研究区域，从空间格局演化、集聚分布状况、不同类型超市的区位选择等方面对某超市进行了系统分析。庄元等（2017）研究了包头市 2000~2015 年 3 个时期城市热岛的动态变化，探讨了其时空分布规律与演变特征，揭示了其与土地利用类型、绿地分布之间的关系。张国俊等（2018）采用探索性空间数据分析等方法，剖析了中国19 个城市群与人口分布的时空动态演变特征，分析了不同发展水平的城市群对人口集聚和扩散效果的影响程度。姜玉培等（2018）基于街区尺度研究了南京中心城区健康资源的空间分布、集聚及所处环境特征，揭示了健康资源的空间分布特征和规律。杨晓俊等（2018）以西安市主城区的电影院作为研究对象，通过 GIS 空间分析方法研究了城市电影院的时空演变规律、特征及其影响因素。

3. 彩钢板建筑群与城市热岛关系

城市热岛效应是各界广泛关注的一个热点问题（Ward et al.，2016；Patz et al.，2005），它不仅会增加水资源、其他能源的消耗（White et al.，2002），还会对居民健康产生危害（Poumadère et al.，2010），有效缓解城市热岛效应对生态可持续发展至关重要。

影响城市热岛效应的因素有很多，其中城市化带来的不透水面的大面积增加、绿地和水体的减少等地表景观特征的变化（Coseo and Larsen，2014；Du et al.，2016）是导致城市地区温度高于周边农村地区的主要原因。城市建筑物的几何特征及空间分布属性是影响城市热岛效应的关键性因素（Kantzioura et al.，2012；Ng et al.，2012）。建筑高度差较大的城市，其吸收太阳辐射的能力低（Yang and Li，2015），建筑物阴影的存在也可以降低局部地表温度，而建筑物密度相较于高度而言对地表温度的影响更大（Guo et al.，2016b）。此外，各建筑材质具有不同的理化特征，其对城市热环境产生的影响也不同。其中，玻璃幕墙反照率高，但其表面温度较低；金属合金、混凝土及沥青材质的建筑热惯量低，其表面温度则较高。在此基础上，一些学者利用景观格局指数定量分析了城市景观格局变化对地表温度的影响（刘闻雨等，2011），研究发现城市景观结构与地表温度具有较强的相关性（Peng et al.，2016）。

夏季阳光直射使得金属材质的建筑物表面温度高达 70~80℃，彩钢板建筑以带有有机涂层的钢板为主要材质，又因其在影像中的光谱值及亮度均较高，故其不仅会存在光污染、火灾风险（迟佳萍等，2019）等安全隐患，还会加剧城市热岛效应。

综上所述，现有研究大多侧重于以建筑物或某一类型景观整体为研究目标，尚未有关于彩钢板建筑群与城市热岛效应的相关研究。本书利用 Landsat-8 及 GF-2、Google 影像等数据，研究了银川、兰州市彩钢板建筑时空变化特征及其对城市热岛效应的影响，为推动城市生态环境绿色发展及城市规划建设发展提供决策参考。

1.2.3 彩钢板建筑火灾风险分析

在研究区及其他城市中，彩钢板建筑群高度聚集、成片出现，由于其材质问题而存在一定火灾风险。为缩短救援时间，城市消防站点空间布局的合理性十分重要。因此，研究现状从彩钢板建筑的火灾风险以及城市火灾风险和消防救援规划两个方面展开。

1. 彩钢板建筑的火灾风险

近年来，彩钢板建筑物因造价低、构造简单、施工便捷和外形美观等优点被广泛应用，但由于其核心部件彩钢夹芯板耐火等级低，火灾事故时有发生。一些研究人员对此进行了探析，如龚学军等（2007）通过对施工现场彩钢板结构临建房屋调研，发现其消防安全管理隐患多且具有较高火灾危险性（王亚平，2013）。小方（2009）在分析彩钢板结构房屋火灾危险性时发现北京市 2009 年第一季度发生彩钢板建筑火灾事件 65 起，是前一年全年数量的一半。彩钢板建筑火灾次数的大量增加引起了广泛关注，刘苑（2011）、孙忠强等（2012）、袁丁（2013）、刘伟（2015）针对彩钢板建筑火灾的耐火等级进行了大量研究。卢拥军等（2013）还进一步分析了彩钢板建筑物火灾危险性及成因。基于此，为有效预防彩钢板建筑火灾，陈国良（2015）在总结彩钢板建筑物主要火灾风险的基础上提出降低该类火灾的主要措施。程守一（2018）在大量分析彩钢板建筑火灾特点、危害性及扑救难点等基础上提出扑救技术、战术措施和注意事项。此外，李可明（2016）总结了 2010 年以来全国 897 起彩钢板建筑火灾事故，分析火灾特点，提出了火灾原因调查的方法。杨磊（2012）、吴蓉（2013）、胡睿麟（2014）制定了彩钢板建筑相应的消防火灾扑救方案，对其搭建部门提出了技术要求和建设标准需求，并建议消防、质检等多个部门加强协作。

2. 城市火灾风险和消防救援规划

城市火灾风险评估和消防规划一直都是各层面关注的焦点问题之一。在城市火灾风险评估方面，Friedman 和 Tukey（1974）提出了投影寻踪分类（PPC）技术，应用该技术可以对高维、非线性、非正态分布数据进行建模，在综合评价领域得到了广泛应用；Xia（2007）将传统方法的计算结果作为神经网络模型的训练样本，建立了各种组合神经网络模型；李丁和刘科伟（2013）运用层次分析法（analytic hierarchy process，AHP）构建了火灾风险评价指标体系，制定了指标评分准则；姜学鹏等（2019）结合风险原理，从城市宏观地域特征和微观典型场所两个角度构建了城市火灾风险评价指标体系；刘铖等（2019）基于多种空间分析方法，独立评价了城市火灾风险的致灾因子和消灾因子。以上方法均考虑了火灾后果的严重性、脆弱性和社会价值来识别空间火灾风险区，但均是通过建立多个指标来确定权重，一旦各指标的权重不合理，评价结果的准确性就难以保证（Hu et al.，2019；张刚，2016）。

在城市服务设施规划方面，学者们也进行了大量的研究，提出了多种研究方法和模型（Xia et al.，2017；Dong et al.，2018）。其中最为经典的是 Cooper（1963）构建的"位置-分配"模型（location-allocation model，L-A），目前其被公认为是服务设施空间布局最优模型。其在医疗（Harper et al.，2005）、应急（Li et al.，2011）、教育（Menezes and Pizzolato，2014）和消防站（Murray，2013）等服务场所的选址中也得到了很好的应用。近年来，"位置-分配"模型在我国城市服务设施，如公交站点（白杨和刘稳，2017）和公园选址（张金光等，2020）等空间布局优化中也得到了推广和应用。

在上述研究基础上，有学者将兴趣点（point of interest，POI）点作为"位置-分配"模型中火灾请求点的量化指标，对城市火灾风险的评估和消防站点的空间优化进行研究。POI 是基于位置服务的核心数据，其中包括景点、政府机构、公司、商场、饭店等。其密度可以在一定程度上反映该区域的城市功能属性，点密度越大，相应伴随的火灾隐患越大。因此，POI 可以作为城市消防站空间优化的一个良好指标。据此，祝明明等（2018）运用层次分析法对武汉市火灾风险进行评估，徐智邦等（2018）运用核密度分析法对北京市中心城区火灾风险进行识别，两个研究均利用 POI 大数据分别对武汉市中心城区和北京市五环内的消防站点空间优化进行了分析。然而，上述研究虽然利用大数据对城市火灾需求点及风险进行了很好的量化分析与表达，但仅对城市 POI 局部密集分布区进行了研究，且多基于中心城区或经济较为集中的一线城市，而对于城市化进程差异较大、POI 空间密度严重不足的发展中城市来说，若单纯以 POI 作为量化指标具有明显的局限性，无法以 POI 为代表研究整个城市的火灾风险状况。

综上分析，彩钢板建筑消防隐患大，且多聚集分布于城中村、城乡接合部和工业园等消防设施不完善或消防站点稀少地块。利用彩钢板建筑群和城市 POI 等数据，有效进行彩钢板建筑群密集分布带来的火灾隐患分析是本书的重要任务之一。

1.3 研究区概况及数据

1.3.1 兰州市及研究数据

1. 兰州市概况

兰州市是甘肃省的省会，位于中国西北部、甘肃省中部，是国务院批复确定的中国西北地区重要的工业基地和综合交通枢纽，西部地区重要的中心城市之一。兰州市中心位于 36°03′N、103°40′E，北与武威市、白银市接壤，东与定西市接壤，南与临夏回族自治州接壤，总面积共 13085.6km^2。

兰州是典型的河谷型城市，主城区位于兰州市河谷盆地内，呈哑铃状，东西向狭长，东向起桑园峡，西向至西柳沟。长大约 37.5km，南北宽 2~10km。北向至安宁区沙井驿，南向以南山山麓为界。行政区划上，目前兰州市辖城关区、七里河区、西固区、安宁区、红古区 5 个区，永登县、榆中县、皋兰县 3 个县以及 1 个国家级新区（兰州新区）和两个国家级开发区（兰州高新技术产业开发区、兰州经济技术开发区）。

兰州作为西北重镇，是城市转型升级、城市化快速发展的重点。其目前正处于城市转型升级关键时期，城市化进程加快等共同促使在城市中大量出现阶段性产物——临时性彩钢板建筑，其分布范围广，聚集特征明显，部分地块的卫星影像详见图1.3。

图 1.3 兰州市 GF-2 遥感影像

在研究中，涉及的研究区域范围主要包括行政区内的城关区、七里河区、安宁区、西固区、红古区以及榆中县的和平镇、定远镇，还有部分城乡接合部，如七里河区的后五泉村等。但是，在大众的认知中，河谷盆地内的城市区域即兰州市主城区。因此，其他区域彩钢板建筑较少且不具备统计意义。综上所述，本研究区范围总面积共 243.85km^2，行政区划包括城关区 96.14km^2、七里河区 49.65km^2、西固区 51.96km^2 和安宁区 46.09km^2。其中，主城区共有 77 个街道办事处。

此外，由于兰州地形的影响，行政区划范围内山区所占面积较大，而城市主要分布在河谷地区。因此，在分析彩钢板建筑群与城市空间结构的关系、城市消防站规划的研究时，实验区范围进一步缩小。以 GF-2 影像数据为参考，提取实验区边界范围，如图 1.4 所示。

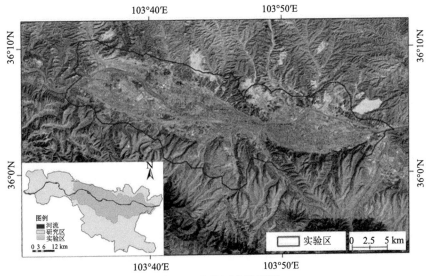

图 1.4 实验区边界范围

2. 兰州市研究数据

研究选用的数据类型多样，在不同的研究区，因研究对象不同，采用的数据也不同。针对兰州市，重点研究彩钢板建筑群及其与城市空间结构关系、城市消防等内容，涉及的研究数据包括卫星影像、兰州市部分地理国情监测基础数据、规划数据及公开的网络数据等。其中，不同时期的彩钢板建筑信息采用高空间分辨率卫星影像数据，如 GF-1、GF-2、QuickBird 和 Google 影像等，地表温度反演选用中分辨率卫星 Landsat-8 影像。

1.3.2 银川市及研究数据

1. 银川市概况

银川市是宁夏回族自治区首府，是西北地区重要中心城市之一，是丝绸之路经济带核心城市，也是国家向西开放的窗口，是以轻纺工业为主，机械、化工、建材工业协调发展的综合性工业城市。银川市地域范围为 37°29′N～38°52′N，105°48′E～106°52′E，总面积 9025.38km^2，下辖西夏区、金凤区、兴庆区、永宁县、贺兰县和灵武市 6 个市（区、县）。

银川市交通网络发达，福银高速、青银高速等 7 条国道、4 条省道穿越全境，太中银、包兰铁路贯穿南北，宝中铁路连通京包、陇海两大干线，货品经陇海、兰新线抵达中亚和欧洲。良好的地理位置和便利的交通使得银川成为全国重要的区域性物流节点和产业园区集中布局城市（郭爱君，2016）。

2. 银川市研究数据

针对银川市（图 1.5），重点研究彩钢板建筑群与产业园区的时空关联性，涉及的数据有高分卫星影像、产业园区、人口、地区生产总值（GDP）、土地利用类型、夜间灯光及道路等。其中，高分辨率卫星影像数据主要来源于 Google Earth 平台，分别获取 2005年 18 级（分辨率 0.6m）影像，以及 2010 年、2015 年、2019 年 19 级（分辨率 0.3m）影像。坐标系是 WGS84，投影 UTM，彩钢板建筑信息采用前文提出的深度学习算法自动解译，局部配合人工纠正，提取准确率超过 90%。

图 1.5 银川市 Google Earth 影像（局部，2019 年 7 月）

本书大型彩钢板建筑是指单个面积大于 500m² 的彩钢板建筑物,其他则归为小型彩钢板建筑。产业园区数据来源于历史高德地图以及相关产业研究院公开数据,经过筛选处理,获得与彩钢板建筑数据坐标系和投影一致的矢量数据,便于后期分析计算。道路主干道、人口空间分布、GDP 空间分布、夜间灯光、土地利用遥感监测数据来源于中国科学院地理科学与资源研究所资源环境科学与数据中心网站。

1.4 研 究 方 法

本书研究内容较多,涉及的研究数据类型多样,针对不同目标选用的研究方法也不同,这些方法包括核密度分析、标准差椭圆、空间自相关分析、Delaunay 三角剖分–泰森多边形分析(Delaunay-Voronoi 分析)、洛伦兹曲线、基尼系数、变异系数(CV)、Ripley's K 函数(Ripley's K function)、最近邻指数与最近邻层次空间聚类分析、回转半径法及地理探测器等。具体研究方法和应用目的如下所述。

1. 核密度分析

核密度估计(kernel density estimation,KDE)法是一种在空间分析中常用的非参数密度计算方法(禹文豪等,2015)。核密度指空间要素在其周围邻域中的密度,能够以可视化的方法研究区域中点密度的空间变化,反映了地理现象的空间分布特征。它是以特定地理要素点的位置为中心,将该要素点的属性赋在指定阈值内,中心位置处密度最大,并随距离增大而衰减,到极限距离处密度衰减为零(朱慧和周根贵,2017;梁双波等,2013;千庆兰等,2011)。KDE 在地理要素空间分布特征研究中得到了较多的应用,可以直观、简洁地反映出空间集聚区域(袁丰等,2010)。针对核密度估算,计算效果较好的是 Prasad(2006)提出的方法,计算公式为

$$f_n(x) = \frac{1}{nh} \sum_{i=1}^{n} k\left(\frac{x - x_i}{h}\right) \tag{1.1}$$

式中,$f_n(x)$ 为核函数;x 为密度估计值;h 为带宽,且 $h > 0$;k 为核函数;$x - x_i$ 为估值点 x 到数据点 x_i 的距离(鄢慧丽等,2019)。

研究中,一方面通过核密度分析法研究彩钢板建筑和产业园区的时空分布情况,核密度值越高,代表彩钢板建筑群或产业园区在空间上越聚集。另一方面,针对银川市产业园区,采用此方法将银川市彩钢板建筑抽象为"点",选取 100m×100m 的网格作为输出单元,通过多次综合考虑光滑程度和保持空间详细程度两个方面选择搜索半径为 2600m。因为大型彩钢板建筑面积为 500~50000 m²,所以将彩钢板建筑面积作为计算字段进行分析。根据该分析方法对彩钢板数据进行核密度分析,产业园区同理。

2. 标准差椭圆

标准差椭圆(standard deviational ellipse,SDE)是空间统计方法中能够精确揭示地

理要素在空间上的分布中心、离散和方向趋势的有效方法（金淑婷等，2015；宋戈等，2017；叶士琳等，2018；周婷等，2019）。SDE 中心相当于要素的空间分布重心，椭圆长轴方向代表要素空间分布主要趋势方向，短轴方向代表次要趋势方向，长轴长度表征要素空间分布在主趋势方向偏离重心的程度，短轴长度表征次趋势方向偏离重心的程度，扁率等于长轴与短轴之差与长轴长度的比值，体现了要素空间分布形态。标准差椭圆计算公式为

$$\mathrm{SDE}_x = \sqrt{\frac{\sum_{i=1}^{n}(x_i - \bar{x})^2}{n}}, \quad \mathrm{SDE}_y = \sqrt{\frac{\sum_{i=1}^{n}(x_i - \bar{y})^2}{n}} \qquad (1.2)$$

$$\tan\theta = \frac{\left(\sum_{i=1}^{n}\tilde{x}_i^2 - \sum_{i=1}^{n}\tilde{y}_i^2\right) + \sqrt{\left(\sum_{i=1}^{n}\tilde{x}_i^2 - \sum_{i=1}^{n}\tilde{y}_i^2\right)^2 + 4\left(\sum_{i=1}^{n}\tilde{x}_i\,\tilde{y}_i\right)^2}}{C = 2\sum_{i=1}^{n}\tilde{x}_i\,\tilde{y}_i} \qquad (1.3)$$

$$\sigma_x = \sqrt{\frac{2\sum_{i=1}^{n}(\bar{x}\cos\theta - \bar{y}\sin\theta)^2}{n}}, \quad \sigma_y = \sqrt{\frac{2\sum_{i=1}^{n}(\bar{x}\sin\theta + \bar{y}\cos\theta)^2}{n}} \qquad (1.4)$$

式中，SDE_x 和 SDE_y 为计算得到的椭圆的圆心；$\bar{x}$ 和 $\bar{y}$ 分别是算术平均中心；n 为点的数量；$\tilde{x}_i$ 和 $\tilde{y}_i$ 分别为平均中心和 xy 坐标的差；θ 为椭圆旋转角度；σ_x 和 σ_y 分别为椭圆 x 轴和 y 轴的长度。

研究中，以银川市彩钢板建筑群平均分布中心为重心，以彩钢板建筑群分布的主要趋势方向为方位角，X 方向和 Y 方向上的标准差为椭圆轴，通过构建彩钢板建筑群的空间分布椭圆，来解释银川市彩钢板建筑群空间分布的中心性、方向性和空间分布形态等特征。同时，通过不同年份标准差椭圆特征值，识别出银川市彩钢板建筑群发展变化的方向、强度及其空间离散趋势。产业园区同理。

3. 空间自相关分析

空间自相关分析研究空间实体与其相邻空间实体之间的相似程度，可分为正相关和负相关（刘永伟和闫庆武，2015）。正相关表示单位属性值与相邻空间单位具有相同的变化趋势，负相关则相反。空间自相关包括全局空间自相关指数和局部空间自相关指数，分别度量整个区域空间分布特征和局部空间分布特征。

1）确定空间权重矩阵

空间权重矩阵用来定义空间对象的相互邻接关系。研究采用一次邻接规则来确定空间权重矩阵，邻接规则为

$$w_{ij} = \begin{cases} 1, & \text{区域} i \text{和} j \text{相邻接} \\ 0, & \text{其他} \end{cases} \qquad (1.5)$$

2）全局空间自相关

Moran 指数是用来度量空间自相关的全局指标。如果 x_i 是位置（区域）i 的观测值，则该变量的全局 Moran 指数 I 用如下公式计算：

$$I = \frac{n \sum\limits_{i=1}^{n} \sum\limits_{j=1}^{n} w_{ij}(x_i - \bar{x})(x_j - \bar{x})}{\sum\limits_{i=1}^{n} \sum\limits_{j=1}^{n} w_{ij} \sum\limits_{i=1}^{n}(x_i - \bar{x})^2} \tag{1.6}$$

式中，I 为 Moran 指数；$\bar{x} = \dfrac{1}{n}\sum\limits_{i=1}^{n} x_i$；$w_{ij}$ 为空间权重。

Moran 指数 I 的取值一般在[-1，1]，小于 0 表示负相关，等于 0 表示不相关，大于 0 表示正相关。

3）局部空间自相关

Moran 指数 I 对空间自相关的全局评估忽略了空间过程的潜在不稳定性。如果进一步考虑观测值的局部空间集聚是高还是低，哪个区域单元对全局空间自相关贡献最大，则必须进行局部空间自相关分析。空间联系的局部指标（简称为 LISA）中的局部 Moran 指数 I_i 计算公式如下：

$$I_i = \frac{n(x_i - \bar{x})\sum\limits_{j} w_{ij}(x_j - \bar{x})}{\sum\limits_{i}(x_i - \bar{x})^2} \tag{1.7}$$

式中，各变量含义与式（1.6）相同。

研究中，以兰州市为例，采用全局空间自相关指数和局部空间自相关指数分析了彩钢板建筑群街道分布特征。

4. Delaunay-Voronoi 分析

地理学第一定律指出：一个空间单元内的信息与其周围单元信息有相似性，空间单元之间具有连通性（Li et al.，2007）。地理实体群组是由多个单目标因局部空间关联度高而形成的集合，群组的分布边界能够很好地描述群组的空间形态以及分布范围。相关研究表明，Delaunay 三角网的唯一性和空圆特性可以很好地表达地理实体间的邻近关系（Ware et al.，1995）。Voronoi 图又叫泰森多边形，是 Delaunay 三角剖分的对偶图，由一组由连接两邻点直线的垂直平分线组成的连续多边形组成。按照最邻近原则划分平面，Voronoi 图的每个多边形内的点到相应离散点的距离比到其他离散点的距离更近（Lam，2017）。因此，利用 Delaunay-Voronoi 图能够有效研究地理实体的空间分布、影响范围和邻近关系（Amenta and Bern，1999）。根据研究，Voronoi 图的面积大小及 Delaunay 的三角形边长能够表征彩钢板建筑的空间分布特征及密度、距离等邻近特征。

Delaunay 三角网有多个生成方法，如逐点插入法（Lewis and Robinson，1978）、三

角网生成法（McCullagh and Ross，1980）和分值算法（Lee and Schachter，1980）等。鉴于小型彩钢板建筑的强聚集特征，采用约束 Delaunay 三角网生成算法，根据实地调研和分析对彩钢板几何中心距离（Delaunay 三角网边长）进行了阈值约束，最大限度缩小不规则三角网（TIN）的大小，以保证 Delaunay 的每个顶点和每条边都包含彩钢板建筑图斑属性和图斑之间的空间关系。

研究中，采用 Delaunay-Voronoi 方法分析了彩钢板建筑群的内部空间聚集密度及分布特征，可以直观地表征研究区不同类型彩钢板建筑物的空间分布信息。同时，从彩钢板建筑与产业园区的空间结构问题出发，在矢量数据以及多种数据辅助的基础上，用统计学、空间分析等方法对银川市彩钢板建筑以及产业园区的时空演化特征、耦合关系和影响因素等问题进行研究。

5. 洛伦兹曲线

洛伦兹（Lorenz）曲线起初用于表示社会收入分配不平等程度（Lorenz，1905），在经济领域中的应用已经十分广泛。随着研究的深入，洛伦兹曲线被应用于资本、财产、市场和资源分配等一切均衡程度的分析（张晶等，2007）。曲线与绝对平均线之间的距离越大，要素在研究区域的分布越不均衡，表明空间分布越聚集。

本书采用洛伦兹曲线来衡量银川市彩钢板建筑群空间分布的集中化程度。洛伦兹曲线的绘制方法如下：首先统计银川市各街道以及乡镇的彩钢板建筑的数量和比例，按照比例从小到大排列，并计算数量累计百分比，以银川市各街道面积累计百分比为横坐标，以彩钢板建筑数量累计百分比为纵坐标，描绘曲线。

6. 基尼系数

基尼系数可用于表示各种意义下的资源分配均衡度或者不均衡程度。本书用基尼系数来对比彩钢板建筑群在不同区域的分布差异，进而探究其在银川市的分布变化规律（申怀飞等，2013）。基尼系数 G 的大小反映了大型彩钢板建筑群的均衡性程度。G 的最小值为 0，表示分布均衡；G 的最大值为 1，表示所有要素均集中在一个个体中；G 值越大，表明分布越不均衡。$G<0.2$ 表示非常均衡，$0.2\leq G<0.3$ 表示比较均衡，$0.3\leq G<0.4$ 表示相对均衡；$0.4\leq G<0.5$ 表示比较不均衡（王洪桥等，2017），$G\geq0.5$ 则表示非常不均衡。G 的计算公式为

$$G=\frac{-\sum_{i=1}^{N}P_i\ln P_i}{\ln N} \tag{1.8}$$

式中，P_i 为各分区占比；N 为分区数。

7. 变异系数

Voronoi 图通常用来解决邻接度问题，变异系数是 Voronoi 多边形面积的标准差与平均值的比值，用于衡量地理现象在空间上的变化程度（李嘉欣等，2020）。多边形面积的标准差的计算公式为

$$R = \sqrt{\frac{\sum_{i=1}^{n}(S_i - S)^2}{n}} \quad (i = 1, 2, \cdots, n) \tag{1.9}$$

$$CV = \frac{R}{S} \times 100\% \tag{1.10}$$

式中，S_i 为第 i 个多边形的面积；S 为多边形面积的平均值；n 为多边形面积的个数；R 为多边形面积的标准差。

根据 Duyckaerts 和 Godefroy（2000）提出的三个建议值对银川市各区县大型彩钢板建筑数据空间分布类型进行划分。当彩钢板建筑群点集呈现随机分布时，CV=57%（包括 33%~64%）；当彩钢板建筑群点集呈现集群分布时，CV=92%（包括大于 64% 的值）；当彩钢板建筑群点集为均匀分布时，CV=29%（包括小于 33% 的值）。本书分别以银川市各市（区、县）为单元，计算每个单元内的泰森多边形的面积与标准差，得到 2005 年、2010 年、2015 年、2019 年大型彩钢板建筑群空间分布的 CV。

8. Ripley's K 函数

点状地物分布模式在不同尺度下存在一定的变化（高超和金凤君，2015），针对此，Ripley 提出了一种基于距离的点模式分析方法，即 Ripley's K 函数，以此来刻画不同尺度的空间集聚现象（张珣等，2013）。该函数能够分析任意尺度下点状地物的空间分布特征，其原理是以一定半径距离为搜索区域，通过统计该区域内点的数量，形成点密度距离函数（蔡高明等，2019；韩会然等，2018；苏曦等，2013）。本书以 2005 年、2010 年、2015 年、2019 年为时间节点，根据 Ripley's $K(d)$ 函数绘制大型彩钢板建筑群不同阶段的点状图，以此分析大型彩钢板建筑群空间分布格局及其变化特征。Ripley's K 函数的计算公式为

$$K(d) = A \sum_{i=1}^{n} \sum_{j=1}^{n} \frac{w_{ij}(d)}{n^2} \tag{1.11}$$

式中，$i, j = 1, 2, \cdots, n, i \neq j, n$ 为研究区内的大型彩钢板建筑的数量；d 为距离尺度；$w_{ij}(d)$ 为距离 d 范围内大型彩钢板建筑 i 与大型彩钢板建筑 j 之间的距离；A 为研究区面积。

通过对 $K(d)$ 函数变形，构造判断观测点分布状况的 $L(d)$ 指标，可对一定距离范围内要素聚类或要素扩散进行汇总（肖琛等，2013），其计算公式为

$$L(d) = \sqrt{\frac{K(d)}{\pi}} - d \tag{1.12}$$

式中，$L(d)$ 与距离 d 的关系图可用来检测依赖于尺度 d 的彩钢板建筑群空间分布格局。$L(d) > 0$ 表示彩钢板建筑群空间呈集聚分布趋势，$L(d) = 0$ 表示彩钢板建筑群空间呈随机分布趋势，$L(d) < 0$ 表示彩钢板建筑群空间呈扩散分布趋势。

本书使用蒙特卡罗法求得 $L(d)$ 置信区间，生成 $L(d)$ 的最大值 $[L(d)\max]$ 和最小值

$[L(d) \min]$曲线。当彩钢板建筑呈聚集分布时，可以从 Ripley's $L(d)$ 函数图中得到聚集强度与聚集规模等统计信息，其中 $L(d)$ 第一个峰值为偏离置信区间的最大值，用作度量集聚强度，$L(d)$ 第一个峰值对应的 d 值用作度量集聚规模（高超和金凤君，2015）。

9. 最近邻指数与最近邻层次空间聚类分析

一般来讲，点状要素的空间分布类型分为均匀型、随机型与凝聚型三种（李嘉欣，2020）。以彩钢板建筑要素为例，平均最近邻指数（mean nearest neighbor index，MNNI）分析能够测算每个大型彩钢板建筑与其最邻近大型彩钢板建筑之间的观测距离，并计算所有最邻近距离的平均值。如果大型彩钢板建筑的平均观测距离小于假设随机分布的预期平均距离，则大型彩钢板建筑属于聚类分布，相反，则属于分散分布（段亚明等，2018）。平均最近邻的计算公式为

$$\overline{r_1} = \sum_{i=1}^{N} \frac{d_i}{N}, \quad \overline{r_0} = \frac{1}{2\sqrt{\frac{N}{A}}}, \quad R = \frac{\overline{r_1}}{r_0} = 2\sqrt{A} \sum_{i=1}^{N} d_i \qquad (1.13)$$

式中，$\overline{r_1}$ 为大型彩钢板建筑平均观测距离；$\overline{r_0}$ 为预期平均距离；d_i 为最邻近实际距离；N 为大型彩钢板建筑的数量；A 为研究区域面积。

R 为最近邻指数，是平均观测距离与"预期平均距离"的比率。如果 $R<1$，则表现的模式趋向于聚集，R 值越小，点要素的凝聚程度越高。如果 $R>1$，则表现的模式趋向于离散，如果 R 越接近 1，则表示随机分布的概率越大。当 P 值小于 0.01 且 z 值大于 1.65 或者小于-1.65 时，通过显著性检验。产业园区要素分析同理。

最近邻层次聚类空间（nearest neighbor hierarchical spatial clustering）分析是一种探索点数据空间分布热点区域的分析方法（湛东升和孟斌，2013）。计算过程是先定义一个"聚集单元"的"极限距离或阈值"，然后将其与每一个空间点对的距离进行比较，当某一点与其他至少一个点的距离小于该极限距离时，判定该点被计入聚集单元，据此将原始点数据聚类为若干区域，称为一阶（first order）热点区（陈龙燕，2016）。对一阶热点区重复同样的方法，聚类得到二阶（second order）热点区，依此类推，得到更高阶的热点区域（秦波，2011）。本书主要采用 Crimestat 软件对彩钢板建筑与产业园区的热点区域进行分析，探寻它们空间分布的热点集聚区特征。

10. 回转半径法

回转半径法（radius of gyration method，RGM）即以中心点为圆心做圆，根据不同尺度的半径观察要素点在不同半径范围内的分布情况，发现要素在空间分布上的特征（丛丽等，2013）。本书定义中心点为各年份产业园区，采用回转半径法得到数据，以距离为横坐标，以大型彩钢板建筑数量为纵坐标，做出数量与空间距离对应的空间分布曲线图，借此比较彩钢板建筑群与产业园区的空间耦合关系。

11. 地理探测器

地理探测器（geographical detector）是一种重要的统计学方法，用于探测空间的分

异性以及揭示潜在驱动力（王劲峰和徐成东，2017）。它不同于一般的统计方法，其优势在于能够表现出对因变量具有重要影响的自变量与因变量在空间分布上的相似程度。地理探测器作为一种探测某种要素空间格局形成原因与内在机理的重要方法而被逐渐应用到与经济、社会、自然等相关的地理学科研究中。地理探测器可分为分异及因子探测器、交互探测器、风险区探测器及生态探测器 4 种。通过分析得到影响彩钢板建筑群时空演变的六个关键因子，但各因子对彩钢板建筑群能产生什么样的影响？本书利用地理探测器方法分析影响彩钢板建筑群时空分布的因子决定力。

地理探测器中因子对属性的解释力用 q 表示，表达式为

$$q = 1 - \frac{\sum_{h=1}^{L} N_h \sigma_h^2}{N \sigma^2} \tag{1.14}$$

式中，L 为因变量 Y 或因子 X 的分层；N 为全区单元数；N_h 为第 h 层的单元数；σ^2 为全区的 Y 值的方差；σ_h^2 为第 h 层的 Y 值的方差。

q 的取值范围为[0，1]，其值越大说明因子 X 对因变量 Y 值的解释力越大。$q = 0$ 时，说明因子 X 完全不影响因变量 Y；$q = 1$ 时，说明因变量 Y 的空间分布完全由因子 X 决定。

同时，地理探测器能够较好地识别两个因子之间的交互作用，即因子 X_1 和 X_2 共同作用时是否会对因变量 Y 的解释力加强或减弱，或者这些因子对 Y 的影响力是否是相互独立的。探测方法是分别计算两个因子 X_1 和 X_2 对 Y 的 q 值：$q(X_1)$ 和 $q(X_2)$，同时计算两个因子交互的 q 值：$q(X_1 \bigcap X_2)$，然后对 $q(X_1)$、$q(X_2)$ 与 $q(X_1 \bigcap X_2)$ 进行比较。

参 考 文 献

白杨, 刘稳. 2017. 基于 GIS 位置分配模型的公交站点布局优化研究——以武汉市南湖片区为例. 城市公共交通, (10): 26-31.

蔡高明, 李志斌, 高原, 等. 2019. 西北五省区经济开发区空间格局演变与主导产业变迁. 干旱区地理, 42(3): 625-635.

柴彦威, 王德, 甄峰, 等. 2021. 中国城市空间结构. 北京: 科学出版社.

陈国良. 2015. 彩钢板建筑的火灾风险. 安全, 36(8): 39-40.

陈龙燕. 2016. 兰州市酒店空间分布格局研究. 兰州: 西北师范大学硕士学位论文.

程守一. 2018. 大空间彩钢板建筑火灾特点及其扑救对策研究. 消防技术与产品信息, 31(1): 35-38.

迟佳萍, 金静, 栾林硕. 2019. 岩棉彩钢板火灾痕迹与受火情况的关联性研究. 中国安全科学学报, 29(7): 49-54.

丛丽, 吴必虎, 寇昕. 2013. 北京市会议产业与相关产业的空间耦合形态与机制研究. 经济地理, 33(11): 84-91.

崔有祯, 吴露露, 辛星, 等. 2013. 基于改进 Harris 算法的高分辨率遥感影像建筑物角点检测研究. 测绘通报, (9): 24-26.

段亚明, 刘勇, 刘秀华, 等. 2018. 基于 POI 大数据的重庆主城区多中心识别. 自然资源学报, 33(5):

788-800.

范科红, 李阳兵, 冯永丽. 2011. 基于 GIS 的重庆市道路密度的空间分异. 地理科学, 31(3): 365-371.

范荣双, 陈洋, 徐启恒, 等. 2019. 基于深度学习的高分辨率遥感影像建筑物提取方法. 测绘学报, 48(1): 34-41.

方大春, 孙明月. 2014. 高速铁路建设对我国城市空间结构影响研究——以京广高铁沿线城市为例. 区域经济评论, 3: 136-141.

冯健, 柴宏博. 2016. 定性地理信息系统在城市社会空间研究中的应用. 地理科学进展, 35(12): 1447-1458.

冯健, 李雪铭, 刘云刚. 2021. 中国城市生活空间. 北京: 科学出版社.

冯健, 刘玉. 2007. 转型期中国城市内部空间重构: 特征、模式与机制. 地理科学进展, 26(4): 93-106.

冯健, 周一星. 2003. 中国城市内部空间结构研究进展与展望. 地理科学进展, 22(3): 304-315.

高超, 金凤君. 2015. 沿海地区经济技术开发区空间格局演化及产业特征. 地理学报, 70(2): 202-213.

龚学军, 白洁, 彭连臣. 2007. 彩钢板结构临建房屋的火灾危险性及防范对策. 消防技术与产品信息, (4): 14-15.

谷明岩. 2020. 基于改进 U-Net 的壁画颜料层脱落病害提取研究. 北京: 北京建筑大学硕士学位论文.

郭爱君. 2016. 丝路经济带中国西北段物流节点功能定位与一体化. 中国流通经济, 30(5): 12-17.

韩会然, 杨成凤, 宋金平. 2018. 北京批发企业空间格局演化与区位选择因素. 地理学报, 73(2): 219-231.

胡鹏. 2020. 彩钢板建筑火灾的调查方法及防范. 今日消防, 5(12): 29-30.

胡睿麟. 2014. 彩钢板结构厂房的火灾危险及对策分析. 中小企业管理与科技(上旬刊), (6): 60.

黄昕. 2009. 高分辨率遥感影像多尺度纹理、形状特征提取与面向对象分类研究. 武汉: 武汉大学博士学位论文.

姜学鹏, 韦云龙, 卢颖. 2019. 城市火灾风险评估指标体系及应用. 消防科学与技术, 38(3): 321-326.

姜玉培, 甄峰, 孙鸿鹄. 2018. 基于街区尺度的城市健康资源空间分布特征——以南京中心城区为例. 经济地理, 38(1): 85-94.

金淑婷, 李博, 杨永春, 等. 2015. 中国城市分布特征及其影响因素. 地理研究, 34(7): 1352-1366.

李晨溪, 曹雷, 张永亮, 等. 2017. 基于知识的深度强化学习研究综述. 系统工程与电子技术, 39(11): 2603-2613.

李丁, 刘科伟. 2013. 基于 AHP 与 GIS 的城市区域火灾风险评估研究——以克拉玛依市核心区为例. 中国安全科学学报, 23(4): 68-73.

李嘉欣. 2020. 重庆市农家乐空间分布与发展研究. 成都: 西南大学硕士学位论文.

李嘉欣, 谢德体, 王三, 等. 2020. 基于兴趣点(POI)挖掘的重庆主城区农家乐空间分布特征. 生态与农村环境学报, 36(3): 300-307.

李可明. 2016. 彩钢板建筑火灾调查方法研究. 武警学院学报, 32(10): 94-96.

李鹏元. 2017. 基于高分辨率遥感影像的城区彩钢棚提取与空间分布特征分析. 兰州: 兰州交通大学硕士学位论文.

李鹏元, 杨树文, 姚花琴, 等. 2017. 基于高分辨率遥感影像的城区彩钢板提取研究. 地理空间信息, 15(9): 13-18.

梁辰, 王诺, 佟士祺, 等. 2012. 大连临港产业集聚与城市空间结构演变研究. 经济地理, 174(8): 86-92.

梁双波, 曹有挥, 吴威. 2013. 上海大都市区港口物流企业的空间格局演化. 地理研究, 32(8): 1448-1456.

刘道春. 2015. 彩钢板房建筑的特点及发展趋势. 上海建材, (1): 41-44.

刘明春. 2019. 基于深度学习的变电站巡检机器人道路场景识别. 成都: 西南交通大学硕士学位论文.

刘伟. 2015. 聚苯乙烯彩钢板燃烧性能的分析与思考. 中国建材科技, 24(4): 49, 110.

刘闻雨, 宫阿都, 周纪, 等. 2011. 城市建筑材质-地表温度关系的多源遥感研究. 遥感信息, (4): 46-53, 110.

刘永伟, 闫庆武. 2015. 基于 GIS 的中国碳排放时空分布规律研究. 安全与环境学报, 15(3): 199-205.

刘苑. 2011. 彩钢板的火灾危险性和防火对策. 科技传播, (17): 72-73.

刘钺, 董小珊, 叶慧, 等. 2019. 基于 GIS 空间分析的城市火灾风险评估——以驻马店市中心城区为例. 安全与环境学报, 19(5): 1540-1546.

卢拥军, 董洁, 张克兵, 等. 2013. 彩钢板临时建筑难挡火魔. 平顶山日报, 10-17(007).

马吉晶. 2019. 彩钢棚遥感提取及其时空分布规律研究——以兰州市安宁区为例. 兰州: 兰州交通大学硕士学位论文.

马吉晶, 杨树文, 贾鑫, 等. 2018. 兰州市安宁区彩钢棚时空变化. 测绘科学, 43(12): 34-37.

千庆兰, 陈颖彪, 李雁, 等. 2011. 广州市物流企业空间布局特征及其影响因素. 地理研究, 30(7): 1254-1261.

秦波. 2011. 上海市产业空间分布的密度梯度及影响因素研究. 人文地理, 26(1): 39-43.

秦波, 焦永利. 2010. 北京住宅价格分布与城市空间结构演变. 经济地理, 153(11): 57-62.

申怀飞, 郑敬刚, 唐风沛, 等. 2013. 河南省 A 级旅游景区空间分布特征分析. 经济地理, 33(2): 179-183.

申顺发. 2021. 基于深度学习的彩钢板建筑信息识别与提取. 兰州: 兰州交通大学硕士学位论文.

宋戈, 杨雪昕, 高佳. 2017. 三江平原典型地区水田分布格局变化特征. 中国土地科学, 31(8): 61-68.

宋青松, 张超, 陈禹, 等. 2018. 组合全卷积神经网络和条件随机场的道路分割. 清华大学学报(自然科学版), 58(8): 725-731.

宋晓勇. 2011. 彩钢夹芯板房和帐篷的防火间距研究. 消防科学与技术, 30(11): 1007-1010.

宋雪娟, 卫海燕, 王莉. 2011. 西安市住宅价格空间结构和分异规律分析. 测绘科学, 36(2): 171-174.

苏曦, 陈江龙, 袁丰. 2013. 国有商业银行与股份制商业银行的空间布局特征分析——以南京市江南 8 区为例. 地球信息科学学报, 15(5): 712-718.

孙忠强, 蒋仲安, 张金锋. 2012. 彩钢板建筑的火灾危险性分析及预防措施. 四川建筑科学研究, 38(4): 66-68.

陶文兵, 田岩, 张钧, 等. 2003. 航空图像矩形建筑物自动提取方法研究. 宇航学报, (4): 341-347.

王丹. 2009. 一种高分辨率遥感影像建筑物边缘提取方法. 环境保护与循环经济, 29(10): 26-28.

王法辉, 刘瑜, 王姣娥. 2014. 交通网络与城市结构研究-理论框架与中美两国实证案例. 地理科学进展, 33(10): 1289-1299.

王洪桥, 袁家冬, 孟祥君. 2017. 东北地区 A 级旅游景区空间分布特征及影响因素. 地理科学, 37(6): 895-903.

王劲峰, 徐成东. 2017. 地理探测器: 原理与展望. 地理学报, 72(1): 116-134.

王金梅. 2019. 兰州市彩钢板建筑与城市空间形态关系研究. 兰州: 兰州交通大学硕士学位论文.

王金梅, 杨维芳, 杨树文, 等. 2019. 兰州市安宁区彩钢板建筑空间分布特征研究. 兰州交通大学学报, 38(1): 110-114.

王鹏程, 宗会明. 2014. 现代物流业与城市空间结构作用相关研究进展. 世界地理研究, 23(3): 102-109.

王士君, 浩飞龙, 姜丽丽. 2015. 长春市大型商业网点的区位特征及其影响因素. 地理学报, 70(6): 893-905.

王霞, 朱道林. 2004. 地统计学在都市房价空间分布规律研究中的应用——以北京市为例. 中国软科学, (8): 152-155.

王兴中. 2004. 中国城市生活空间结构研究. 北京: 科学出版社.

王亚平. 2013. 彩钢板(房)建筑物的火灾预防. 消防技术与产品信息, (7): 5-6.

王宇, 杨艺, 王宝山, 等. 2019. 深度神经网络条件随机场高分辨率遥感图像建筑物分割. 遥感学报, 23(6): 1194-1208.

魏德强. 2013. 高分辨率遥感影像建筑物提取技术研究. 郑州: 解放军信息工程大学硕士学位论文.

魏伟, 石培基, 脱敏雍, 等. 2012. 基于GIS的甘肃省道路网密度分布特征及空间依赖度分析. 地理科学, 32(11): 1297-1303.

伍广明, 陈奇, Shibasaki R, 等. 2018. 基于U型卷积神经网络的航空影像建筑物检测. 测绘学报, 47(6): 864-872.

吴蓉. 2013. 谈彩钢板建筑火灾特点及火灾调查方法. 武警学院学报, 29(8): 95-96.

肖琛, 陈雯, 袁丰, 等. 2013. 大城市内部连锁超市空间分布格局及其区位选择——以南京市苏果超市为例. 地理研究, 32(3): 465-475.

小方. 2009. 北京市一季度彩钢板建筑火灾65起 相当于去年全年的一半. 消防技术与产品信息, (5): 25.

熊云川. 2016. 北京消防整治违章彩钢板建筑. 建材发展导向, (4): 44.

徐智邦, 周亮, 蓝婷, 等. 2018. 基于POI数据的巨型城市消防站空间优化——以北京市五环内区域为例. 地理科学进展, 37(4): 535-546.

鄢慧丽, 王强, 熊浩, 等. 2019. 休闲乡村空间分布特征及影响因素分析——以中国最美休闲乡村示范点为例. 干旱区资源与环境, 33(3): 45-50.

杨嘉树, 梅天灿, 仲思东. 2018. 顾及局部特性的 CNN 在遥感影像分类的应用. 计算机工程与应用, 54(7): 188-195.

杨磊. 2012. 彩钢板结构的建筑火灾扑救技术. 安全, 33(9): 8-10.

杨晓俊, 朱凯凯, 陈朋艳, 等. 2018. 城市电影院空间分布特征及演变——以西安市为例. 经济地理, 38(6): 85-93.

杨永春. 2008. 兰州城市建筑的空间分布. 世界地理研究, 17(1): 39-46.

叶士琳, 曹有挥, 王佳韡, 等. 2018. 长江沿岸港口物流发展格局演化及其机制. 地理研究, 37(5): 925-936.

禹文豪, 艾廷华, 刘鹏程, 等. 2015. 设施POI分布热点分析的网络核密度估计方法. 测绘学报, 44(12): 1378-1383.

袁丁. 2013. 彩钢夹芯板建筑火灾危险性及预防对策研究. 武警学院学报, 29(2): 72-74.

袁丰, 魏也华, 陈雯, 等. 2010. 苏州市区信息通讯企业空间集聚与新企业选址. 地理学报, 65(2): 153-163.

湛东升, 孟斌. 2013. 基于社会属性的北京市居民居住与就业空间集聚特征. 地理学报, 68(12): 1607-1618.

张刚. 2016. 基于空间分析的城市火灾风险评估与应用——以西安为例. 城市规划, (8): 59-64.

张国俊, 黄婉玲, 周春山, 等. 2018. 城市群视角下中国人口分布演变特征. 地理学报, 73(8): 1513-1525.

张浩然. 2021. 基于深度学习的图像生成与识别若干问题研究. 合肥: 合肥工业大学博士学位论文.

张金光, 韦薇, 承颖怡, 等. 2020. 基于 GIS 适宜性评价的中小城市公园选址研究. 南京林业大学学报(自然科学版), 44(1): 171-178.

张晶, 封志明, 杨艳昭. 2007. 洛伦兹曲线及其在中国耕地、粮食、人口时空演变格局研究中的应用. 干旱区资源与环境, (11): 63-67.

张庆云, 赵冬. 2015. 高空间分辨率遥感影像建筑物提取方法综述. 测绘与空间地理信息, 38(4): 74-78.

张涛, 李强. 2020. 彩钢板建筑火灾扑救的思考. 消防界(电子版), 6(22): 61-62.

张小虎, 张珣, 钟耳顺, 等. 2013. 基于建筑物空间特征的北京市城市空间结构及其机制分析. 地理研究, 32(11): 2055-2065.

张珣, 钟耳顺, 张小虎, 等. 2013. 2004—2008 年北京城区商业网点空间分布与集聚特征. 地理科学进展, 32(8): 1207-1215.

赵宗泽, 张永军. 2016. 基于植被指数限制分水岭算法的机载激光点云建筑物提取. 光学学报, 36(10): 503-511.

周春山, 叶昌东. 2013. 中国城市空间结构研究评述. 地理科学进展, 32(7): 1030-1038.

周婷, 牛安逸, 马姣娇, 等. 2019. 国家湿地公园时空格局特征. 自然资源学报, 34(1): 26-39.

朱慧, 周根贵. 2017. 国际陆港物流企业空间格局演化及其影响因素——以义乌市为例. 经济地理, 37(2): 98-105.

祝明明, 罗静, 余文昌, 等. 2018. 城市 POI 火灾风险评估与消防设施布局优化研究——以武汉市主城区为例. 地域研究与开发, 37(4): 86-91.

朱双志. 2012. 面向对象的高分辨率遥感图像分割方法的研究. 长沙: 湖南大学硕士学位论文.

庄元, 薛东前, 王剑. 2017. 半干旱区典型工业城市热岛时空分布及演变特征——以包头市为例. 干旱区地理, 40(2): 276-283.

宗会明, 王鹏程, 戴技才. 2015. 重庆市主城区物流园区空间布局及对城市空间结构的影响. 地理科学, 35(7): 831-837.

左童春. 2017. 基于高分辨率可见光遥感图像的建筑物提取技术研究. 合肥: 中国科学技术大学硕士学位论文.

Amenta N, Bern M. 1999. Surface reconstruction by Voronoi filtering. Discrete & Computational Geometry, 22(4): 481-504.

Badrinarayanan V, Kendall A, Cipolla R. 2017. SegNet: A deep convolutional encoder-decoder architecture for image segmentation. IEEE Transactions on Pattern Analysis and Machine Intelligence, 39(12): 2481-2495.

Bourne L S. 1982. Internal Structure of the City: Reading on Urban Form, Growth and Policy. Oxford: Oxford University Press.

Chhor G, Aramburu C B, Bougdal-Lambert I. 2017. Satellite image segmentation for building detection using U-Net. Web: http://cs229.stanford.edu/proj2017/final-reports/5243715.pdf.[2021-11-10].

Cooper L. 1963. Location-allocation problems. Operations Research, (3): 331-343.

Coseo P, Larsen L. 2014. How factors of land use/land cover, building configuration, and adjacent heat sources and sinks explain Urban Heat Islands in Chicago. Landscape & Urban Planning, 125: 117-129.

Dong X M, Li Y, Pan Y L, et al. 2018. Study on urban fire station planning based on fire risk assessment and GIS technology. Procedia Engineering, 211: 124-130.

Du H, Wang D, Wang Y, et al. 2016. Influences of land cover types, meteorological conditions, anthropogenic heat and urban area on surface urban heat island in the Yangtze River Delta Urban Agglomeration. Science of the Total Environment, 571(nov.15): 461-470.

Duyckaerts C, Godefroy G. 2000. Voronoi tessellation to study the numerical density and the spatial distribution of neurons. Journal of Chemical Neuroanatomy, 20(1): 83-92.

Friedman J H, Tukey J W. 1974. A projection pursuit algorithm for exploratory data analysis. IEEE Transactions on Computers, C-23(9): 881-890.

Fukunaga K, Hostetler L. 1975. The estimation of the gradient of a density function, with applications in pattern recognition. IEEE Transactions on Information Theory, 21(1): 32-40.

Gallion A B. 1983. The Urban Pattern . Van Nostrand: Van Nostrand Reinhold Company.

Guo G, Zhou X, Wu Z, et al. 2016a. Characterizing the impact of urban morphology heterogeneity on land surface temperature in Guangzhou, China. Environmental Modelling and Software, 84(OCT.): 427-439.

Guo Z L, Shao X W, Xu Y W, et al. 2016b. Identification of village building via google earth images and supervised machine learning methods. Remote Sensing, 8(4): 271.

Harper P R, Shahani A K, Gallagher J E, et al. 2005. Planning health services with explicit geographical considerations: A stochastic location- allocation approach. Omega, 33(2): 141-152.

Herold M, Scepan J, Clarke K C. 2002. The use of remote sensing and landscape metrics to describe structures and changes in urban land uses. Environment and Planning A, 34(8): 1443-1458.

Hu J, Shu X, Xie S, et al. 2019. Socioeconomic determinants of urban fire risk: A city-wide analysis of 283 Chinese cities from 2013 to 2016. Fire Safety Journal, 110: 102890.

Jung C R, Schramm R. 2004. Rectangle Detection based on a Windowed Hough Transform. Curitiba: Proceedings of 17th Brazilian Symposium on Computer Graphics and Image.

Kantzioura A, Kosmopoulos P, Zoras S. 2012. Urban surface temperature and microclimate measurements in Thessaloniki. Energy and Buildings, 44(Jan.): 63-72.

Katartzis A, Sahli H, Nyssen E, et al. 2001. Detection of building from a single airborne image using a Markov random field model. Geoscience and Remote Sensing Symposium, 6: 2832-2834.

Kim T, Muller J P. 1999. Development of a graph-based approach for building detection. Image and Vision Computing, 17(1): 3-14.

Lam M C. 2017. Maximizing survey volume for large-area multi-epoch surveys with Voronoi tessellation. Monthly Notices of the Royal Astronomical Society, 469(1): 1026-1035.

Lee D T, Schachter B J. 1980. Two algorithms for constructing a Delaunay triangulation. International Journal of Computer & Information Sciences, 9(3): 219-242.

Levitt S, Aghdasi F. 1997. Texture Measures for Building Recognition in Aerial Photographs. Grahamstown: Proceedings of the 1997 South African Symposium on Communications and Signal Processing. COMSIG'97.

Lewis B A, Robinson J S. 1978. Triangulation of planar regions with applications. The Computer Journal, 21(4): 324-332.

Li R. 2015. Study of rail transit and urban spatial structure based on urban economics. Urban Transportation & Construction, 2: 20-22.

Li X P, Zhao Z X, Zhu X Y, et al. 2011. Covering models and optimization techniques for emergency response facility lo-cation and planning: A review. Mathematical Methods of Operations Research, 74(3): 281-310.

Li X W, Cao C X, Chang C Y. 2007. The first law of geography and spatial temporal proximity. Chinese

Journal of Nature, 29(2): 69-71.

Liang S. 2009. Research on the urban influence domains in China. International Journal of Geographical Information Science, 23(11-12): 1527-1539.

Lin C.1994. Detection of Building Using Perceptual Grouping and Shadows. Seattle, WA: IEEE Computer Vision & Pattern Recognition.

Liu Y H, Gross L, Li Z Q, et al. 2019. Automatic building extraction on high-resolution remote sensing imagery using deep convolutional encoder-decoder with spatial pyramid pooling. IEEE Access, 7(1): 128774-128786.

Liu Z, He C, Zhang Q, et al. 2012. Extracting the dynamics of urban expansion in China using DMSP-OLS nighttime light data from 1992 to 2008. Landscape & Urban Planning, 106(1): 62-72.

Long J, Shelhamer E, Darrell T. 2015. Fully Convolutional Networks for Semantic Segmentation.Boston: 2015IEEE Conference on Computer Vision and Pattern Recognition(CVPR).

Lorenz M O. 1905. Methods of measuring the concentration of wealth. Publications of the American Statistical Association, 9(70): 209-219.

Maggiori E, Tarabalka Y, Charpiat G, et al. 2017. Convolutional neural networks for large-scale remote sensing image classification. IEEE Transactions on Geoscience and Remote Sensing, 55(2): 645-657.

Marmanis D, Wegner J D, Galliani S, et al. 2016. Semantic segmentation of aerial images with an ensemble of CNNs. ISPRS Annals of Photogrammetry, Remote Sensing and Spatial Information Sciences, III-3: 473-480.

McCullagh M J, Ross C G. 1980. Delaunay triangulation of a random data set for isorhythmic mapping. The Cartographic Journal, 17(2): 93-99.

Menezes R C, Pizzolato N D. 2014. locating public schools in fast expanding areas: Application of the capacitated p-me-dian and maximal covering location models. Pesquisa Operacional, 34(2): 301-317.

Mnih V. 2013. Machine Learning for Aerial Image Labeling. Toronto: Ph.D. Thesis, University of Toronto.

Murray A T. 2013. Optimising the spatial location of urban fire stations. Fire Safety Journal, 62: 64-71.

Ng E, Chen L, Wang Y, et al. 2012. A study on the cooling effects of greening in a high-density city: An experience from Hong Kong. Building and Environment, 47(1): 256-271.

Pandey B, Joshi P K, Seto K C. 2013. Monitoring urbanization dynamics in India using DMSP/OLS night time lights and SPOT-VGT data. International Journal of Applied Earth Observation & Geoinformation, 23(1): 49-61.

Patz J A, Campbell-Lendrum D, Holloway T, et al. 2005. Impact of regional climate change on human health. Nature, 438(7066): 310-317.

Peng J, Xie P, Liu Y, et al. 2016. Urban thermal environment dynamics and associated landscape pattern factors: A case study in the Beijing metropolitan region. Remote Sensing of Environment, 173: 145-155.

Poumadère M, Mays C, Le Mer S, et al. 2010. The 2003 Heat wave in France: Dangerous climate change here and now. Risk Analysis, 25(6): 1483-1494.

Prasad V K. 2006. Statistical methods for spatial data analysis. The Photogrammetric Record, 21(116): 414-415.

Ronneberger O, Fischer P, Brox T. 2015. Inet: Convolutional networks for biomedical image segmentation. IEEE Access, 9: 16591-16603.

Russakovsky O, Deng J, Su H, et al. 2015. ImageNet large scale visual recognition challenge. International Journal of Computer Vision, 115(3): 211-252.

Saito S, Aoki Y. 2015. Building and Road Detection from Large Aerial Imagery. San Francisco: Image Processing: Machine Vision Applications VIII.

Saito S, Yamashita Y, Aoki Y. 2016. Multiple object extraction from aerial imagery with convolutional neural networks. Journal of Imaging Science & Technology, 60(1): 1-9.

Shen Y, De Silva J A, Martínez L M. 2014. Assessing High-Speed Rail's impacts on land cover change in large urban areas based on spatial mixed logit methods: A case study of Madrid Atocha railway station from 1990 to 2006. Journal of Transport Geography, 41: 184-196.

Syamwil I B, Tanimura P H. 2000. The spatial distribution of Japanese manufacturing industries in Indonesia. Review of Urban & Regional Development Studies, 12(2): 121-135.

Vincet L, Soille P. 1991. Watersheds in digital spaces: an efficient algorithm based on immersion simulations. IEEE Transactions on Pattern Analysis & Machine Intelligence, (6): 583-598.

Wagner P, Wegener M. 2007. Urban land use, transport and environment models: Experiences with an integrated microscopic approach. disP-The Planning Review, 43(170): 45-56.

Wang J M, Yang W F, Yang S W, et al. 2019. Research on spatial distribution characteristics of color steel buildings in Anning District of Lanzhou. Modern Environmental Science and Engineering, 5(7): 583-589.

Ward K, Lauf S, Kleinschmit B, et al. 2016. Heat waves and urban heat islands in Europe: A review of relevant drivers. Science of the Total Environment, 569-570(nov.1): 527-539.

Ware J M, Jones C B, Bundy G L. 1995. A triangulated spatial model for cartographic generalization of areal objects. Heidelberg: International Conference on Spatial Information Theory.

White M A, Nemani R R, Thornton P E, et al. 2002. Satellite evidence of phenological differences between urbanized and rural areas of the Eastern United States Deciduous Broadleaf Forest. Ecosystems, 5(3): 260-273.

Woo M, Guldmann J M. 2011. Impacts of urban containment policies on the spatial structure of US metropolitan areas. Urban Studies, 48(16): 3511-3536.

Xia D. 2007. Fire Risk Evaluation Model of High-Rise Buildings based on Multilevel BP Neural Network. Haikou: 2007 Fourth International Con-ference on Fuzzy Systems and Knowledge Discovery (FSKD 2007).

Xia Z, Hao L, Chen Y. 2017. An integrated spatial clustering analysis method for identifying urban fire risk locations in a network-constrained environment: A case study in Nanjing, China. International Journal of Geo-Information, 6(11): 370.

Yang S W, Ma J J, Wang J M. 2018. Research on Spatial and Temporal Distribution of Color Steel Building Based on Multi-Source High-Resolution Satellite Imagery. Bei Jing:The ISPRS Technical Commission III Midterm Symposium on "Developments, Technologies and Applications in Remote Sensing".

Yang X, Li Y. 2015. The impact of building density and building height heterogeneity on average urban albedo and street surface temperature. Building and Environment, 90(Aug.): 146-156.

Ye Z R, Fu Y Y, Gan M Y, et al. 2019. Building from very high-resolution aerial imagery using joint attention deep neural network. Remote Sensing, 11: 2970-2990.

Yin M, Bertolini L, Duan J. 2015. The effects of the high-speed railway on urban development: International experience and potential implications for China. Progress in Planning, 98: 1-52.

Zhong C, Arisona S M, Huang X, et al. 2014. Detecting the dynamics of urban structure through spatial network analysis. International Journal of Geographical Information Science, 28(11): 2178-2199.

第2章

彩钢板建筑信息遥感识别与提取

2.1 引　　言

　　彩钢板建筑作为建筑物的一类，其在外形、颜色及材质等方面均不同于普通建筑。居民区大部分彩钢板位于固定建筑的顶部，因此，利用遥感影像（卫片或航片）提取目标信息是最有效的手段，彩钢板建筑的颜色和纹理是遥感影像识别的重要特征（李鹏元等，2017）。民居临时彩钢板建筑的面积相对较小，大部分在几平方米到数十平方米。据此，彩钢板建筑物的遥感识别和提取必须采用高空间分辨率遥感影像，分辨率越高越好，亚米级卫星影像或航片最好。

　　目前，还没有彩钢板建筑信息遥感提取的针对性算法，常规的方法多存在精度或效率等方面的问题，难以完成高分影像中目标信息的有效提取。建筑物本身的复杂性、高分影像中建筑物细节特征突出及光照角度等问题增加了目标信息识别的难度。深度学习在图像分割与检测中表现优异而被应用于建筑物提取（唐璎，2020），其中较具有代表性的是卷积神经网络。针对性地建立卷积神经网络模型能够有效地分割建筑物语义，进而提高建筑信息分类的精度和效率（张刚，2020；胡敏，2020）。由此，本章在现有算法的基础上，改进了深度学习算法，构建了彩钢板建筑样本数据集（申顺发，2021），较为有效地解决了彩钢板建筑信息的大面积识别和提取等问题。

2.2　深度学习基本理论

　　深度学习的本质是一个前馈神经网络（feed-forward neural network），是人工神经网络（artificial neural nets，ANN）的延续。人工神经网络的机理是以动物神经元性能为模仿对象，建立相应的函数，对所传输的信息进行针对性的数据拟合和数据预测。人工神经网络定义最早由 Mcculloch 和 Pitts（1988）提出，其单层神经元以及生物神经元与 MP 模型详见图 2.1 和表 2.1。

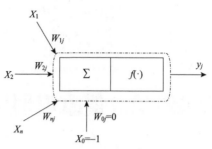

图 2.1　单层神经元示意图

表 2.1　生物神经元与 MP 模型

模型	神经元	输入	权值	输出	综合	膜电位	阈值
MP 模型	j	x_i	w_{ij}	y_j	$\sum$	$\sum_{i=1}^{n} w_{ij}x_i(t)$	θ_j

　　MP 模型的原理为，对于某一个神经元 j，它可能同时接受 i 个输入，用 W_{ij} 来表示输入的权值，权值的正负代表神经元中突出的兴奋和抑制，连接强度用数值大小表示。θ_j 即偏置（bias），表示阈值。将接收的全部信号进行累加，从而模拟神经元的膜电位，可表示为

$$\mathrm{net}_j(t) = \sum_{i=1}^{n} w_{ij}x_i(t) - \theta_j \tag{2.1}$$

　　当输入累加数值高于 θ_j 时，会激活神经元，整个过程可以用下式表示：

$$y_j = f(\mathrm{net}_j) \tag{2.2}$$

式中，y_j 为经激活神经元 j 的处理输出；激活函数用 f 表示。

2.2.1　卷积神经网络基本结构

　　机器学习通过现有样本与数据来模拟人的学习行为，最终获得新的知识或对结果进行预测，但机器学习的模拟需要人为输入具体参数，费时费力（潘朝，2017）。深度学习能够自动提取数据高维特征，自行完成对具体特征的提取与数据筛选，借助计算机性能和内置算法为工作人员节约了大量时间。因此，深度学习被广泛应用在图像分析（Islam et al.，2018）、语音处理（Nassif et al.，2019）、文本识别和目标检测（Han et al.，2018）等方面。其中，CNN 最具有代表性（陈思思，2018），其基本框架与前馈神经网络相似，不同之处主要在于 CNN 网络具有不同特性的功能层级。

　　CNN 由 softmax 分类器、全连接层、池化层、输入层和激活函数（李彦冬等，2016）等要素构成，若干个节点构成神经网络各层，彼此相邻的层级之间存在神经元连接，不同层级之间各自扮演信号输入、输出功能角色。卷积运算后，一层将特征传输至下一层，

神经元在相邻层间进行连接，同层无连接。CNN 各层的功能和工作原理如下。

1. 输入层

其功能是输入原始数据并做相应处理。在图像处理时，输入数据一般是保留了图像本身特性的多维矩阵。例如，对一张高为 H、宽为 W、通道为 C 的图像来说，CNN 的输入被看成一个 $H×W$ 的 C 维矩阵(每一个通道都是一个矩阵)。假设有一个大小为 $H×W$、通道数为 4 的高分辨率卫星影像，将其输入到网络模型中，可以转换为 $H×W$ 的 4 维矩阵。通常，图像输入网络的尺寸大小 H 和 W 是相同的。

2. 卷积层

CNN 由若干卷积层组建而成，其能够整合分析运算大部分工作（汪志文，2019）。每一卷积层都包含若干个尺寸固定的卷积核，卷积核大小即局部感受野。学者们在对动物视觉皮层进行研究后提出感受野的定义（Hubel and Wiesel，1968，1959）。在生物视觉系统中，视觉神经元细胞信息接收不全，不会观察全部所见视野，而是有选择性地关注部分区域，即接收输入的部分信息。局部感受野所指部分区域所对应的就是卷积核，感受野大小则与卷积核大小相互对应，其原理如图 2.2 所示。

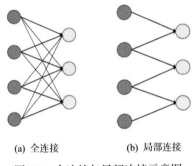

(a) 全连接　　　　　(b) 局部连接

图 2.2　全连接与局部连接示意图

局部感受野较全连接可明显降低连接的总数量，其优点为在卷积网络应用中降低了模型参数的数量，进而降低了过拟合的风险，同时还增加了网络的训练，进一步提高了精度。在卷积网络中，一般都是同时设置多个卷积核产生多个特征映射，其原因在于不同的卷积核会对不同的特征感兴趣。因此，多个卷积核同时扫描可更好地提取图像特征。

每个卷积核的通道数与该层接收到的图像通道数相同，处理图像时通过滑动实现特定区域卷积运算，而不是对输入图像所有区域进行卷积运算。卷积层计算式（2.3）为

$$C_{s,t} = f\left(\sum_{k=1}^{K}\sum_{h=1}^{H} w_{k,h} \cdot x_{i+k,\,j+h} + \theta\right) \tag{2.3}$$

式中，K、H 分别为卷积核的宽和高；$w_{k,h}$ 为卷积核位于第 k 行、第 h 列的权重参数；θ 为偏置参数；$x_{i+k,j+h}$ 为特征图像重位于第 $i+k$ 行、第 $j+h$ 列像素，i 和 j 是指在图像

滑动进程中，滑动变化为滑动了 i 行、j 列；非线性激活函数表示为 $f(\cdot)$；$C_{s,t}$ 表示卷积运算位于特征图的第 s 行、第 t 列的输出。

卷积层通常涉及以下四个参数。

（1）Padding：该参数在卷积层中的意义是对输出张量进行调控。在卷积运算时，输出矩阵的大小会在卷积运算过程中导致输入后的运算结果变小。为了保证输出的张量大小与输入大小一致，需要在计算卷积时对矩阵四周以 0 值进行填充，即 Padding。如图 2.3 所示，当 Padding=1 时，蓝色框中为原 3×3 矩阵，四周采用 0 值作为填充。

（2）Stride：在卷积运算中，卷积核通过在输入矩阵中移动的点积运算获得结果。Stride（S）表示卷积核移动步长。由图 2.3 可知，S 值为 2 则表示卷积核移动步长为 2。

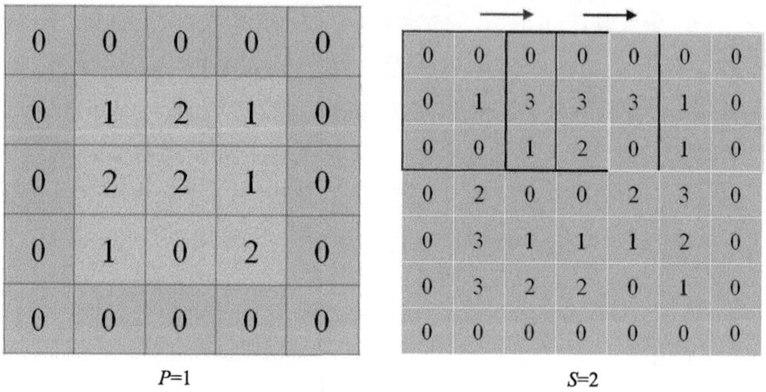

图 2.3　Padding 和 Stride 结构

通过 Padding 和 Stride 两个参数，加上卷积核大小（F），输入矩阵参数大小（W），计算得到输出矩阵 R 为

$$R = \frac{2P + W - F}{S} + 1 \qquad (2.4)$$

（3）局部连接：在对特征图像进行卷积运算时，神经元的局部连接存在于空间维度上，而全连接仅存在于深度上。局部连接能使滑动之后的卷积核最好地响应局部的输入特征，从而大幅减少网络的参数量（周文忠，2018）。

（4）参数共享：表示当在同一深度进行图像处理计算时，所对应的卷积核相同。在实际的图像处理应用中，使用参数共享可以大量减少参数量，进而提升网络整体的计算效率。

3. 池化层

池化层一般位于卷积层后，用于缩小经卷积运算后的特征图尺寸，属于下采样层的一种。其具有对特征进行压缩、去除冗余信息、简化网络复杂度、减少网络计算量、减小内存消耗等特性（潘昕，2018），其主要作用是缩小特征图的尺寸、扩大神经元的感受野，并防止过拟合。经池化后的特征图尺寸用式（2.5）、式（2.6）表示为

$$K' = \frac{K-C}{S} + 1 \qquad (2.5)$$

$$H' = \frac{H-C}{S} + 1 \qquad (2.6)$$

式中，K 和 H 为经过卷积层后特征图的宽度和高度；K' 和 H' 为对应的池化层后特征图的宽度和高度；参数 C 和参数 S 分别表示卷积核大小、移动步长。

如图 2.4 所示，最大池化、平均池化是常见的池化主操作。

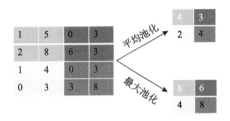

$C=2\times2;\ S=2$

图 2.4　池化示意图

在图 2.4 中，池化卷积核（C）的大小为 2×2，窗口滑动步长（S）为 2，平均池化是指输出权重为 2×2 卷积核覆盖区域内所有数值的平均值，最大池化输出值即卷积核覆盖 2×2 区域内数值的最大值。最大池化的优势是能够实现最大区域值的选取，同时可对所选信息进行纹理特征的保留，平均池化的优势则是能够对输入信息的整体背景信息进行有效保留。

4. 激活层

激活函数构成了激活层（activiation layers）的主体，将每一层卷积运算的输出经过指定的非线性函数处理，得到一个非线性的输出，在这一层中完成非线性函数的连接，从而提供网络的非线性建模能力。饱和性、非饱和性激活函数共同构成激活函数（Xu et al., 2015）。修正线性单元（rectified linear unit, ReLU）、带泄露单元（leaky rectified linear unit, Leaky ReLU）、带参数修正线性单元（parametric rectified linear unit, PReLU）、随机纠正线性单元（random rectified linear unit, RReLU）等（He et al., 2015; Maas et al., 2013）为常见的非饱和函数，而常用的饱和性激活函数则由双曲正切函数（Tanh）、Sigmiod 函数（Rafferty et al., 2006）构成。

1）Sigmoid

Sigmoid 函数即 Logistic 函数，是应用最广的一种激活函数，具有几何函数形状，表现为一条"S"形曲线（图 2.5），在物理含义上最接近生物神经元。其表达式为

$$f(x) = \frac{1}{1+e^{-x}} \qquad (2.7)$$

针对图像进行处理时，充分发挥了 Sigmoid 函数自身优点，如优化稳定、反单增。

因此，多将该函数作为阈值函数运用在 CNN 中，作为 CNN 的输出层，其所对应的阈值映射为（0，1）。但函数本身及其导数都是指数函数，运算较大，导致训练时间会变长。同时，对该函数进行求导分析，导数趋近 0，表现为软饱和性，较易产生梯度消失，从而使训练过程出错。此外，该函数并不以 0 为输出中心，这使得网络收敛速度缓慢。因此，通常情况下除了输出层是二元分类外，在其他分类问题中基本不会采用 Sigmoid 函数。

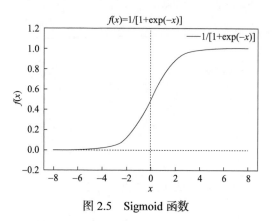

图 2.5　Sigmoid 函数

2）Tanh

基于 Sigmoid 函数并对其进行一定的优化，即得 Tanh 函数，其表达见式（2.8）：

$$f(x) = \frac{e^x - e^{-x}}{e^x + e^{-x}} \tag{2.8}$$

Tanh 是双曲正切函数，是关于原点对称的奇函数，值域为（-1，1），其函数图象是关于原点的对称曲线。因此，Tanh 函数的输出是以 0 为中心的，解决了 Sigmoid 函数收敛慢的问题，提高了收敛速度和学习效率，但 Tanh 函数仍存在着梯度消失导致难以训练的问题。

3）ReLU

ReLU 广泛运用于 CNN 中，其函数表达见式（2.9）：

$$f(x) = \max(0, x) \tag{2.9}$$

当输入值超出阈值时，ReLU 神经元激活，当输入值为负数时，其输出值为 0；如果输入值为正数，则输出值等于输入值。

综合上述函数特征进行分析可知：

第一，梯度消失问题基于 ReLU 的应用即可得到解决。

第二，ReLU 不是指数函数，是线性函数。因此，其运算量大幅减少，网络计算速度提高。

第三，ReLU 按其特质归属于非饱和激活函数，能够有效提升收敛速度，并且在实际分析进程中，比较分析不同激活函数的学习速率，相对于激活函数 Tanh 和 Sigmoid，

ReLU 激活函数更优。必须注意 ReLU 输出中心为非 0 值，如果该函数接收到负值输入，则相对应的输出则显示为 0，继而无法更新权重，学习中断，该现象即"神经元死亡"。

相关研究者基于该函数所存在的"神经元死亡"这一常见问题，针对性地提出改进后的 ReLU，包括 PReLU、Leaky ReLU。

4）Leaky ReLU

为了解决"神经元死亡"现象，Leaky ReLU 在 2013 年被提出来的。研究者在 ReLU 函数的负半区间引入一个泄露（leaky）值，被称为 Leaky ReLU 函数，该函数输出对负值输入有很小的坡度。表达式如式（2.10）所示：

$$f(x)=\begin{cases}\alpha x, x<0\\ x, x\geqslant 0\end{cases} \quad (2.10)$$

式中，α 为（1，$+\infty$）区间内的一个固定参数，依赖先验知识。ReLU 函数值为负时，梯度会变成 0，此时神经元不会进行训练，即网络具有稀疏性，而 Leaky ReLU 将所有负值映射为一个小于 0 的值，从而避免"神经元死亡"的情况。

5）PReLU

PReLU 的计算公式为

$$f(x)=\begin{cases}x, x>0\\ \alpha x, x\leqslant 0\end{cases} \quad (2.11)$$

其中，其负值部分的斜率并不是预先设定的，而是基于数据来确定。

5. Droupout 层

在模型训练中，如果样本不足，一般需要考虑运用某些正则化技巧来防止模型过拟合。Droupout 为正则化技术（图 2.6），该技术能够有效地解决在 CNN 中出现过拟合现象在 CNN 时部分神经元会在迭代进程中被随机关闭的问题。因为关闭具有随机性，因此所有神经元在任何时刻均存在被关闭的可能性，进而降低特定神经元激活敏感性。

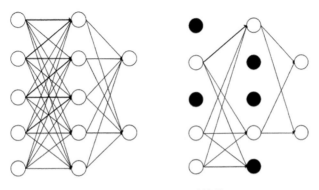

图 2.6　Droupout 层结构

Droupout 使得两神经元并不一定每次都会出现在同一个层，从而阻止了某些特征仅在其他特定特征情况下才有的效果，使权值更新不再仅依赖具有共同作用的固定关系的隐含节点，从而使得整个网络去学习鲁棒性更强的特征。

6. 标准化层

Normalization 是数据标准化（归一化）。在进行神经网络训练过程中，针对性地实现批量归一化（batch normalization，BN），一方面能够提升网络泛化能力，另一方面能够提升其训练速度。批量归一化层在网络测试中的作用为，每个 BN 层对训练集中的所有数据求取总体的均值与方差，然后根据训练集中整体的无偏估计计算 BN 层的输出。

2.2.2　神经网络模型训练

CNN 的训练就是从样本数据库中不断学习，通过前向和反向传播不断将偏置和权重进行更新的过程。前向传播阶段：由低向高层次的数据传播。反向传播阶段：当前向传播结果与预期结果不一致时，则进行高向低的反向传播训练，以缩小误差。

1. 前向传播

前向传播中，输入图像经"池化+卷积"组合处理后，获得对应维度的结果特征，并将特征在网络中继续向下传递，分类器对数据进行分类提取，获取最终的提取结果。若提取结果与预先定义的结果期望值保持一致，则可直接对结果输出。具体计算公式为

$$a_i^{(l)} = x_i \tag{2.12}$$

$$Z_i^{(l+1)} = \sum_{j=1}^{N_l} W_{ij}^{(l)} a_i^{(l)} + b_i^{(l)} \tag{2.13}$$

$$a_i^{(l+1)} = f(Z_i^{(l+1)}) \tag{2.14}$$

式中，x_i 为第 i 个输入样本；$a_i^{(l)}$ 为位于第 l 层对应的第 i 个神经元激活值，第 1 层神经元的数量为 N_1；$W_{ij}^{(l)}$ 和 $b_i^{(l)}$ 分别为 l 层的 j 神经元与 $(l+1)$ 层的 i 神经元间的权重和偏置参数，激活函数用 $f(\cdot)$ 表示；$Z_i^{(l+1)}$ 为第 l 层的输出，同时作为第 $(l+1)$ 层的输入。

2. 反向传播

在网络模型训练中，训练的样本包含网络所接收的输入值和网络输出的期望值。向后传播思路为，网络经前向传播计算后，利用损失函数计算模型输出与期望值之间的差值；再从输出层开始，由后向前进行求导，反向更新层级相应参数，使网络训练过程中产生的损失向着梯度的方向缩小。经过不断迭代与更新，达到最小损失时对应的网络权重，最终完成模型学习与训练。

2.3　样本数据集构建及精度评价指标

2.3.1　样本数据集构建

样本数据是深度学习关键的组成部分，是完成网络学习和相关信息提取的重要基础。不同于传统建筑物的识别与提取，目前尚未有彩钢板建筑物提取的公开数据集。因此，彩钢板建筑物信息提取的前提是深度学习样本数据集的建设。

本节彩钢板建筑样本数据集构建选用的高分影像主要有两种：GF-2 和 Google 影像。其中，GF-2 影像全色波段的空间分辨率是 0.8m，多光谱是 4m；Google 影像的平均分辨率优于 0.5m。以兰州市为例，部分地块内彩钢板建筑物密集分布，数量大，部分区域的 GF-2 高分卫星影像如图 2.7 所示。

(a) 兰州市城区　　　　　　　　(b) 兰州市城市边缘

图 2.7　兰州市 2018 年 GF-2 卫星影像

1. 彩钢板建筑影像特征分析

1）光谱特征

彩钢板建筑因材质、涂彩不一而存在蓝、红、白、土黄、灰等多种颜色，其中蓝、白、红三色彩钢板建筑最为常见，蓝色彩钢板建筑数量最多。在影像中，不同颜色的彩钢板建筑色调差别明显，其相同之处是颜色纯度较一般建筑物突出。本节以兰州市安宁区 GF-2 融合数据为例，对影像中蓝、白、红三色彩钢板建筑和其他典型地物进行了光谱特征统计，结果详见表 2.2。

表 2.2　典型地物光谱特征统计

典型地物	蓝光波段		绿光波段		红光波段		近红外波段	
	均值	方差	均值	方差	均值	方差	均值	方差
蓝色彩钢板	538.57	20.70	489.63	22.46	384.34	21.76	417.00	14.40
白色彩钢板	599.49	34.80	751.69	36.70	706.95	33.85	514.43	21.28

典型地物	蓝光波段		绿光波段		红光波段		近红外波段	
	均值	方差	均值	方差	均值	方差	均值	方差
红色彩钢板	420.80	27.03	460.57	35.75	732.80	34.55	499.27	15.89
裸土	398.09	20.09	483.11	26.11	482.66	26.93	399.70	24.04
水泥屋顶	414.88	11.26	469.14	14.24	415.00	14.65	314.39	11.79
沥青道路	391.01	9.23	429.11	13.01	379.63	11.70	312.04	16.44
水体	278.58	1.19	319.60	1.31	238.64	1.82	139.98	1.63
阴影	274.85	8.33	258.36	9.92	211.10	8.67	176.67	14.09

对表 2.2 分析后，表明在蓝光波段三种彩钢板建筑的光谱值均高于其他地物，根据表 2.2 绘制了典型地物的光谱曲线（图 2.8）。对比分析后发现，白色彩钢板和白色建筑物波谱曲线趋势相同，在绿光波段表现较为突出，但白色彩钢板在四个波段中的灰度平均值要高于白色建筑物；蓝色彩钢板在红光波段灰度值最低，从红光波段到近红外波段走势不断上升，而其他地物从红光波段到近红外波段走势不断下降，且红色彩钢板下降最明显，下降降幅最慢的是裸土。

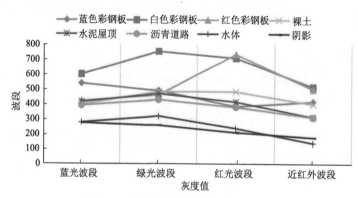

图 2.8　高亮度地物光谱曲线统计结果

2）空间特征

彩钢板建筑外形大小不一，形状迥异，总体上呈规则几何形状，集聚分布特征明显。彩钢板建筑与普通建筑不同的是，普通建筑会存在部分凸起附属物，在图像中直观表现为"洞"；同时，普通建筑边缘不规整，多曲折，多数分布不密集。此外，相于于普通建筑，彩钢板建筑在一般高分影像中纹理特征相对较为单一，在亚米级、厘米级高分影像中纹理特征较为独特。

2. 样本数据集制作

为提高深度学习彩钢板建筑提取的精度，减少由大气、地形起伏、异源影像等引起的误差干扰，需要对图像进行预处理和增强处理，在此基础上进行图像标注和样本数据集制作，详细流程见图 2.9。其中，图像预处理包括辐射定标、大气校正、图像裁剪、几何校正。根据彩钢板建筑的特殊性和光谱特征统计分析,对彩钢板建筑进行了中值滤波、去噪等一系列影像增强操作,增强前后的对比结果如图 2.10 所示。实验结果表明,对增强处理后的影像进行彩钢板建筑信息提取,精度更高,碎斑减少。

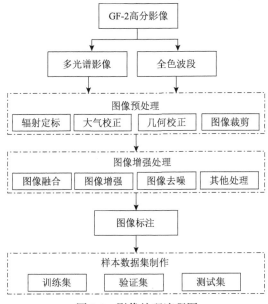

图 2.9　影像处理流程图

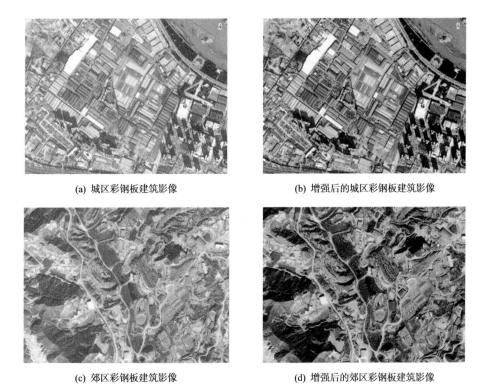

(a) 城区彩钢板建筑影像　　　　　　　　(b) 增强后的城区彩钢板建筑影像

(c) 郊区彩钢板建筑影像　　　　　　　　(d) 增强后的郊区彩钢板建筑影像

图 2.10　彩钢板建筑增强前后结果对比

1）彩钢板建筑标注

深度学习一般根据数据集是否有对应标注输入而被分为三种学习方式：无监督学习、半监督学习以及全监督学习。为减少算法适应性误差，本章采用的神经网络模型为全监督学习方式，需要对经预处理和增强处理的高分影像中的彩钢板建筑进行手工标注处理。

本章借助 ArcGIS 软件对彩钢板建筑信息进行人工标注，标注示例如图 2.11 所示，标注过程如下。

（1）新建矢量图层（.shp），创建字段，为后续裁剪工作做准备；

（2）以 GF-2 影像为底图，借助 ArcGIS 的矢量化工具，根据彩钢板在影像中的特征绘制同等尺寸的矢量图形；

（3）对绘制好的彩钢板建筑进行字段编辑，便于与背景信息进行区分。

(a) 彩钢板建筑标注示例 1　　　　　　　　　　(b) 彩钢板建筑标注示例 2

图 2.11　彩钢板建筑标注示例

2）样本数据集制作步骤

样本数据集的质量是决定提取精度的关键性因素之一。在制作样本数据集时，首先，在 ArcGIS 中对兰州市的 GF-2 影像中的彩钢板进行矢量化，并将得到的.shp 文件转换成栅格数据。然后，将标签数据与 4 通道的 GF-2 影像对应，进行顺序裁剪和随机裁剪，得到大小为 256 像素×256 像素的多组训练数据。最后，将输入影像与对应标签进行编号和分组存放，最终生成彩钢板建筑的影像样本数据集。

数据集范围主要涵盖城市主城区与部分郊区，分别包含密集程度不同以及大小形状不一的彩钢板建筑物。样本处理完成后，按 1∶4 的比例划分为验证数据和训练数据。样本示例如图 2.12 所示。

在网络模型训练过程中，若训练样本量不足，容易出现过拟合现象。例如，让训练过程中拟合的函数完美地预测训练集时对验证集的预测效果反而很差，从而大大地降低网络的泛化能力。为防止过拟合，加强网络模型的泛化性能，需要增强样本库。研究中常用的数据增强方法包括水平翻转、垂直翻转、对角线翻转、平移变换及缩放比例等。在神经网络训练深度学习进程中，数据被执行随机增强，硬盘不保存输入数据增强所得

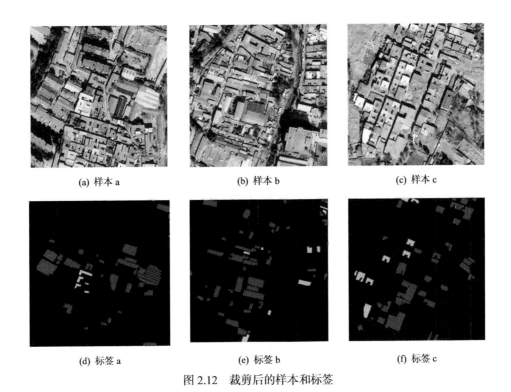

(a) 样本 a   (b) 样本 b   (c) 样本 c

(d) 标签 a   (e) 标签 b   (f) 标签 c

图 2.12 裁剪后的样本和标签

影像。需要注意的是,为了防止过拟合,训练数据集并不是越大越好。若通过数据增强,将训练数据集增加到原来的十倍甚至百倍,那么除了会增加训练时间,对网络泛化能力的提升也没有任何作用。

常用的数据增强方法及功能如下。

(1)水平翻转:将图像沿着水平方向翻转;

(2)垂直翻转:将图像沿着垂直方向翻转;

(3)对角线翻转:将图像沿着对角线方向翻转;

(4)平移变换:在图像面上对图像以某种方式平移;

(5)缩放比例:按照一定的比例对图像放大或缩小。

2.3.2 精度评价指标

为了验证实验网络效果,更好地表现研究所使用网络的优劣性,通过对比,在训练中使用像素准确率(pixel accuracy,PA)、频权交并比(frequency weighted intersection over union,FWIOU)、Dice 相似系数和 Kappa 系数对使用神经网络模型得到的提取结果进行精度评价。

(1)像素准确率:表示正确标注的像素占总像素的比例,其计算公式为

$$f_{PA} = \frac{TP}{TP + FP} \qquad (2.15)$$

（2）Kappa 系数：是一种对遥感影像矩阵误差和分类精度进行评价的指标方法，该方法考虑了被漏分和错分的像元，具体计算公式为

$$P_{\text{CC}} = \frac{\text{TP} + \text{TN}}{N} \tag{2.16}$$

$$P_{\text{RE}} = \frac{(\text{TP} + \text{FP})\text{NC} + (\text{FN} + \text{TN})\text{NU}}{N^2} \tag{2.17}$$

$$F_{\text{Kappa}} = \frac{P_{\text{CC}} - P_{\text{RE}}}{1 - P_{\text{RE}}} \tag{2.18}$$

（3）频权交并比：根据每一种类出现的频率设置权重，其计算可表示为

$$F_{\text{Fwiou}} = \frac{\text{TP} + \text{FN}}{\text{TP} + 2\text{FP} + \text{FN}} \times \frac{\text{TP}}{\text{FP} + \text{TP} + \text{FN}} \tag{2.19}$$

（4）Dice 相似系数：用于计算两个样本之间的相似程度，计算公式如下：

$$F_{\text{Dice}} = \frac{2 \times \text{TP}}{2 \times \text{TP} + \text{FN} + \text{FP}} \tag{2.20}$$

式中，NU、NC、N 分别为背景像素、建筑像素、像素总数；TP、TN、FN、FP 分别为正确标注的像素数量、漏检像素数、误检像素数、正确像素数。

2.4   基于深度学习的彩钢板建筑信息提取

2.4.1   实验环境

研究的实验配置详见表 2.3，实验中网络模型超参数设置详见表 2.4。

表 2.3   实验配置

项目	参数
中央处理器	Xeon E5-2650 v4（x2）
显卡	Nvidia Quadro P4000
显存	8G
硬盘	2TB
操作系统	Win10
开发语言	Python
深度学习框架	Pytorch

表 2.4　网络模型超参数设置

名称	参数值
学习率（learning rate）	0.0001
批次大小（batch size）	2
迭代次数（epoch）	50
优化器（optimizer）	Adam
激活函数（activation function）	ReLU、ELU
损失函数（loss function）	CrossEntropyLoss2d

网络模型超参数详细说明如下。

（1）学习率：是损失函数的梯度调整权重的超参数，学习率不同，优化算法也不同。学习率不宜过大和过小，过大会使模型不收敛，过小会使模型收敛速度慢。本章实验将初始学习率设置为 0.0001。

（2）批次大小：首先，对数据进行处理，将其随机分为等大的块；其次，将所得块数据样本全部输入训练模型中。批次大小是指每次输入到模型进行训练的样本数量，训练过程中，大批次通常能够让网络收敛更快，但由于内存空间的局限性，批次过大很容易产生内存不够或者程序内存核崩溃的情况。彩钢板建筑提取中设置批次大小为 2。

（3）迭代次数：本实验中将迭代次数设置为 100，该值即为网络训练进程中训练集的输入次数，在此过程中如果训练错误率与测试错误率相等，则该值设置合适。

（4）优化器：本实验使用自适应矩估计（adaptive moment estimation，Adam）优化器（王明申等，2019）作为实验优化器。Adam 优化方法既考虑了历史累积梯度的二阶矩，又考虑了一阶矩。Adam 使用两个衰减系数 p_i（$0<p_1<1$）和 p_z（$0<p_2<1$）分别负责一阶和二阶累积梯度，其表达公式如下：

$$\sum\nolimits_{1} = r_1 \sum\nolimits_{1} + (1-r_1)g \tag{2.21}$$

$$\sum\nolimits_{2} = \rho_2 \sum\nolimits_{2} + (1-\rho_2)g^2 \tag{2.22}$$

2.4.2　基于典型编-解码神经网络的提取网络

在深度学习出现以前，机器学习是图像识别与分类的主要手段，需要人为地寻找图像特征，往往需要结合 SIFT（Lowe，2004）、HOG 等算法先完成图像的特征提取工作。但是，SIFT 算法的正确率较低，在 2012 年的 ImageNet 的比赛中最好的比赛结果的误差率仍然高达 26%。此后，应用相关方法在语义分割的精度和性能方面做了大量研究，涌现了一批经典的语义分割模型，如 Segnet、U-net 等。

本章在分析典型编解码图像语义分割的网络结构的基础上，完成网络结构的创建，采用 Segnet、U-net 两种经典图像分割网络进行彩钢板建筑提取，利用自建的彩钢板建筑样本数据集实现目标信息的提取。同时，结合彩钢板建筑提取任务，从定性与定量角度分别对网络提取效果进行分析，评价了网络的优点与不足。

1. U-net

U-net 是一种对称型神经网络，网络结构由向下收缩子网络和向上扩张子网络两部分组成，构成了一个"U"形结构，其网络结构如图 2.13 所示。在收缩部分，对输入图像进行卷积与最大池化交替处理，以获得不同维度的特征金字塔，并得到目标图像的高维层级特征图。在扩张部分，首先，通过若干上采样与卷积操作，获得与特征金字塔层级相同维度的特征信息图；然后，采用跳跃连接的方式与收缩路径中对应层级的特征图像相结合；最后，得到数据原尺寸的像素级分割结果并进行输出。

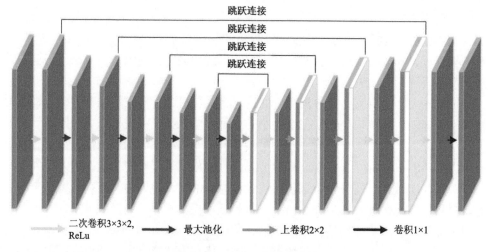

图 2.13　U-net 网络模型结构

U-net 网络具体参数如表 2.5 所示。

表 2.5　U-net 网络彩钢板建筑提取网络模型参数

层名	卷积核大小	输出尺寸大小	激活函数
输入层	—	256×256×4	—
卷积层 1_1	3×3×64	256×256×64	ELU
卷积层 1_2	3×3×64	256×256×64	ELU
池化层_1	2×2	128×128×64	—
卷积层 2_1	3×3×128	128×128×128	ELU
卷积层 2_2	3×3×128	128×128×128	ELU
池化层_2	2×2	64×64×128	—

续表

层名	卷积核大小	输出尺寸大小	激活函数
卷积层 3_1	3×3×256	64×64×256	ELU
卷积层 3_2	3×3×256	64×64×256	ELU
池化层_3	2×2	32×32×256	—
卷积层 4_1	3×3×512	32×32×512	ELU
卷积层 4_2	3×3×512	32×32×512	ELU
池化层_4	2×2	16×16×512	—
卷积层 5_1	3×3×1024	16×16×1024	ELU
卷积层 5_2	3×3×1024	16×16×1024	ELU
上采样操作_1	2×2×512	32×32×512	ELU
融合_1	—	32×32×1024	—
卷积层 6_1	3×3×512	32×32×512	ELU
卷积层 6_2	3×3×512	32×32×512	ELU
上采样操作_2	2×2×256	64×64×256	ELU
融合_2	—	64×64×512	—
卷积层 7_1	3×3×256	64×64×256	ELU
卷积层 7_2	3×3×256	64×64×256	ELU
上采样操作_3	2×2×128	128×128×128	ELU
融合_3	—	128×128×256	—
卷积层 8_1	3×3×128	128×128×128	ELU
卷积层 8_2	3×3×128	128×128×128	ELU
上采样操作_4	2×2×64	256×256×64	ELU
融合_4	—	256×256×128	—
卷积层 9_1	3×3×64	256×256×64	ELU
卷积层 9_2	3×3×64	256×256×64	ELU
输出层	1×1×1	256×256×1	Sigmoid

　　实验中，当网络输入尺寸为 256×256 的 4 通道图像时，经过向下收缩子网络的提取和向上扩张子网络的还原处理，对扩张路径与对应层级的特征进行跳跃连接，同时以一个 1×1 的卷积层利用 Sigmoid 分类器进行预测，得到数据原尺寸的像素级分割结果。最后对结果进行输出。

2. Segnet

　　Segnet 是一种编码器-解码器结构的语义分割网络模型，是以 FCN 的网络结构为基础进行改进的网络模型，最初被应用于场景分割实验中。本章采用 Segnet 网络模型进行彩钢板建筑提取，在维持整体结构不变的前提下，对网络进行部分调整，将 ELU 函数作为模型的激活函数，其网络结构如图 2.14 所示。

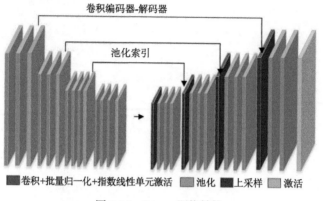

图 2.14　Segnet 网络结构

　　如图 2.14 所示，Segnet 网络框架呈对称分布，网络结构由向下收缩子网络和向上扩张子网络两部分组成。收缩子网络由卷积层和池化层交替组成的 5 个层级构成，编码器通过一系列卷积核池化操作进行特征提取，与此同时保存每个池化操作中每个特征点的索引值。在第一层级与第二层级中均进行 2 次卷积运算，剩余层级均进行 3 次卷积运算，一共进行 13 次卷积运算。感受野也由 64×64 扩大至 512×512，图像尺寸在经最大池化操作后不断缩小，由 512×512 缩小至底层的 16×16。收缩子网络提取的彩钢板建筑特征在扩张子网络中逐渐还原。扩张子路径中，整体结构与收缩子路径对称，由卷积层和上采样操作交替组成的 5 个层级构成，同样需进行 13 次卷积运算，解码器利用在编码阶段保存的特征点的索引值，对编码器输出的特征图进行上采样，进而输出原图大小的语义分割结果。

　　Segnet 网络具体参数如表 2.6 所示。网络输入 256×256 的 4 通道图像，再经过向下收缩子网络的提取和向上扩张子网络的还原，最后以一个 1×1 的卷积层再经过 Sigmoid 分类器进行预测，得到与原图像尺寸一致的结果图。与 U-net 网络不同的是，Segnet 为了图像边缘信息能更好地在网络中传递，在最大池化操作过程中记录池化特征索引信息，在扩张路径中，根据记录的索引信息对特征进行上采样。

表 2.6　Segnet 彩钢板建筑提取网络模型参数

层名	卷积核大小	输出尺寸大小	激活函数
输入层	—	256×256×4	—
卷积层 1_1	3×3×64	256×256×64	ELU
卷积层 1_2	3×3×64	256×256×64	ELU
池化层_1	2×2	128×128×64	—
卷积层 2_1	3×3×128	128×128×128	ELU
卷积层 2_2	3×3×128	128×128×128	ELU

续表

层名	卷积核大小	输出尺寸大小	激活函数
池化层_2	2×2	64×64×128	—
卷积层 3_1	3×3×256	64×64×256	ELU
卷积层 3_2	3×3×256	64×64×256	ELU
池化层_3	2×2	32×32×256	—
卷积层 4_1	3×3×512	32×32×512	ELU
卷积层 4_2	3×3×512	32×32×512	ELU
池化层_4	2×2	16×16×512	—
上采样操作_1	—	32×32×512	—
卷积层 5_1	3×3×512	32×32×512	ELU
卷积层 5_2	3×3×512	32×32×512	ELU
卷积层 5_3	3×3×256	32×32×256	ELU
上采样操作_3	—	64×64×256	—
卷积层 6_1	3×3×256	64×64×256	ELU
卷积层 6_2	3×3×256	64×64×256	ELU
卷积层 6_3	3×3×128	64×64×128	ELU
上采样操作_2	—	128×128×128	—
卷积层 7_1	3×3×128	128×128×128	ELU
卷积层 7_2	3×3×64	128×128×128	ELU
上采样操作_3	—	256×256×64	—
卷积层 8_1	3×3×64	256×256×64	ELU
卷积层 8_2	3×3×64	256×256×64	ELU
输出层	1×1×4	256×256×4	Sigmoid

3. 实验及结果分析

基于 Pytorch 框架利用 GPU 加速分别实现了 Segnet 与 U-net 的训练。训练中，将 ELU 作为网络模型的激活函数，epoch 设定为 50；对增强后的样本数据输入网络进行训练，将 Adam 作为模型优化器，训练过程中生成混淆矩阵进行模型的定量评价。图 2.15、图 2.16 分别为 Segnet 与 U-net 训练过程中的模型的损失以及各项评价指标的变化曲线图。

对比图 2.15、图 2.16 发现，随着网络迭代次数的增加，Segnet 网络与 U-net 网络精度不断增加，模型逐渐收敛。但相较于 U-net 网络，Segnet 网络训练精度以及模型收敛情况不佳，模型损失较大，各项评价指标数值偏低，U-net 网络表现较好。

在两个网络分别完成训练后，选用彩钢板建筑密集程度不同、大小不一致的 4 幅影像作为测试数据，使用训练好的 Segnet 和 U-net 网络模型分别对测试数据进行预测。彩

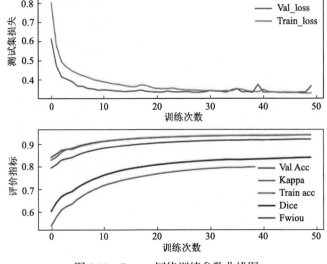

图 2.15　Segnet 网络训练参数曲线图

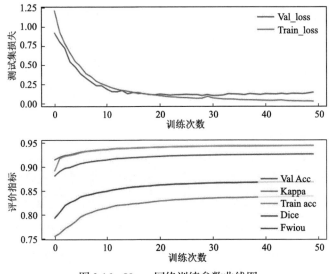

图 2.16　U-net 网络训练参数曲线图

钢板建筑信息提取结果如图 2.17 所示。其中，图 2.17（a）、图 2.17（b）和图 2.17（c）分别是测试数据、Segnet 网络和 U-net 网络提取结果。

　　对比实验结果，从目视效果看，Segnet 网络与 U-net 网络都具有不错的提取效果。从定性角度分析，Segnet 网络虽取得了不错的提取结果，但基于 Segnet 网络提取彩钢板建筑的边缘破碎且粗糙，并存在边界粘连。同时，该网络对细小地物的关注能力不足，存在漏提现象。而 U-net 网络的提取结果从整体和细节上都要优于 Segnet 网络。在边界提取上，U-net 网络提取结果更加精确细致，更贴近真实，同时在细小地物的关注上也要优于 Segnet 网络。但是，U-net 网络对细小地物的关注能力仍有一定的改进空间。

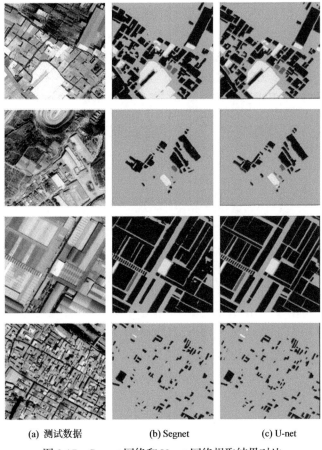

(a) 测试数据　　　　　　(b) Segnet　　　　　　(c) U-net

图 2.17　Segnet 网络和 U-net 网络提取结果对比

每一竖排图像为一组

　　为了更准确地分析两种网络的优劣性，本章选用 Kappa 系数和 Dice 系数对 Segnet 网络与 U-net 网络提取结果进行定量分析，精度对比结果如表 2.7 所示。

表 2.7　U-net 网络与 Segnet 网络彩钢板建筑提取结果精度对比　　（单位：%）

网络模型	指标	测试区 1	测试区 2	测试区 3	测试区 4	均值
Segnet	PA	90.74	91.35	94.76	90.63	91.87
	Fwiou	85.19	86.33	92.21	87.32	87.76
	Dice	84.38	84.81	78.17	82.43	82.45
	Kappa	79.00	80.06	76.71	79.08	78.71
U-net	PA	93.05	94.48	95.62	92.60	93.94
	Fwiou	89.21	91.21	93.86	88.84	90.78
	Dice	88.74	87.41	84.74	88.43	87.53
	Kappa	82.95	84.48	81.94	82.61	83.00

对表 2.7 进一步分析表明，两个模型的四幅测试数据的两项指标都在 0.7 以上，证实了基于深度学习方法的彩钢板建筑提取的有效性。相较于 U-net 网络，Segnet 网络整体效果不佳，各项指标均低于 U-net 网络。在对四幅影像的测试中，U-net 网络的 PA 和 Fwiou 分别提升 2.07% 和 3.02%，Dice 系数与 Kappa 系数分别提升 5.08% 和 4.29%。因此，U-net 较于 Segnet 模型更适用于遥感影像彩钢板建筑信息的提取。

2.4.3 基于低级特征保留与通道注意力的提取网络

前文实验分析表明，在将 U-net 网络应用于遥感影像分割时，若提取目标的相邻环境比较复杂，易导致提取结果精度存在不足（徐锐等，2020；刘尚旺等，2020）。其原因在于网络深度增加及与特征的直接融合会导致细节信息维度降低，进而导致碎小地物漏检，极大地降低提取边缘轮廓的清晰度和准确性。

城市中彩钢板建筑大小不一，纹理差异大，细小建筑较多。因此，用经典的 U-net 网络难以满足高分辨率遥感影像提取彩钢板建筑的实际需求。基于此，本节提出了一种基于低级特征保留与通道注意力耦合的彩钢板建筑提取方法。其模型是以 U-net 网络基础框架为主体结构，继续采用对称收缩与扩张结构以及跳跃连接。受 YOLOv3 网络结构启发（周卫林等，2021），在改进网络的收缩路径中新增低级特征保留结构，并在网络的卷积模块后融入通道注意力模块。

1. YOLOv3 网络

相关研究表明 YOLO（you only look once）（Redmon et al.，2016）算法在对目标检测的实验中有较好的应用。YOLOv3 算法是在 YOLO 算法的基础上改进的，其在细小目标的检测中具有更好的应用。该算法采用 FPN 结构，通过上采样的方式将低维信息与高维信息进行特征融合。在完成多尺度融合时，能够提取浅、深层特征连接，有效强化了低维度的细节信息，大大改善对细小物体的检测效果，有利于提高网络的检测精度。YOLOv3 网络结构如图 2.18 所示。

2. 通道注意力机制

通道注意力机制是获得输入特征最高关注度信息的有力工具（申翔翔等，2020；高芬等，2020；Zillich et al.，2014），能够通过顺序技术、Sigmoid 和 softmax 技术的运用而达成。数据预测、自然语言分析、图像处理等领域均有注意机制的运用（王鑫等，2018；Cho et al.，2014；John et al.，1995）。已有研究发现，注意力机制运用进程中能够有效改善目标性能，令某些神经元得到增强（Zhao et al.，2017）。通道注意力机制结构如图 2.19 所示。

3. 低级特征保留和网络结构

在进行特征提取时，卷积神经网络通常从浅层特征向深层特征转变。举例说明，第一个卷积层在特征提取过程中，能够对目标进行低级特征提取，包括色度、边缘；第二个卷积层在特征提取过程中，能够对目标进行纹理、性质等相对复杂的信息提取。提取

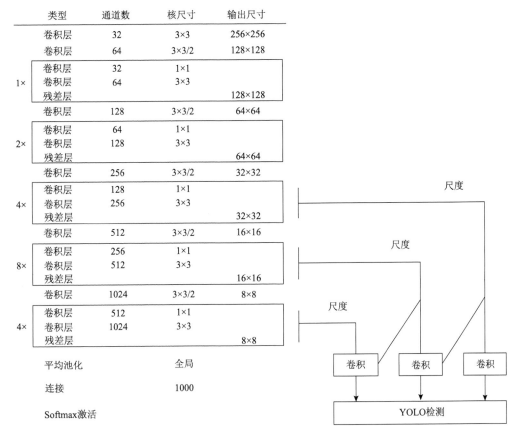

类型	通道数	核尺寸	输出尺寸
卷积层	32	3×3	256×256
卷积层	64	3×3/2	128×128
1× 卷积层	32	1×1	
卷积层	64	3×3	
残差层			128×128
卷积层	128	3×3/2	64×64
2× 卷积层	64	1×1	
卷积层	128	3×3	
残差层			64×64
卷积层	256	3×3/2	32×32
4× 卷积层	128	1×1	
卷积层	256	3×3	
残差层			32×32
卷积层	512	3×3/2	16×16
8× 卷积层	256	1×1	
卷积层	512	3×3	
残差层			16×16
卷积层	1024	3×3/2	8×8
4× 卷积层	512	1×1	
卷积层	1024	3×3	
残差层			8×8
平均池化		全局	
连接		1000	
Softmax激活			

图 2.18　YOLOv3 网络模型结构

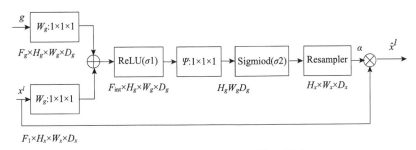

图 2.19　通道注意力机制结构示意图

过程中网络逐渐加深，相对应地由低级特征提取逐渐转化为抽象高级特征提取。尽管 U-net 网络在医学分割等任务中表现良好，但在遥感影像中彩钢板建筑的边缘信息更加复杂且无规律，U-net 网络的提取精度难以满足任务需求。因此，为了使网络更好地保留低级特征，受 YOLOv3 网络的启发，本章以 U-net 基础框架为原型，在网络的编码部分中设计了低级特征保留结构，设计了一种低维特征信息保留的改进网络，其详细网络架构如图 2.20 所示。

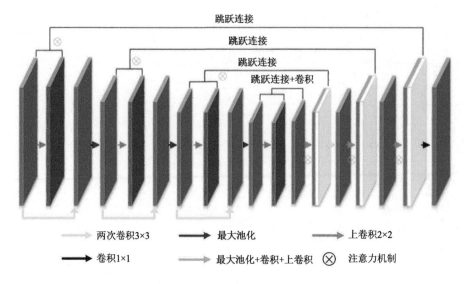

图 2.20　Improved U-net 网络模型
图中示意同图 2.13

在收缩路径中，根据池化具有变换不变性且能保留主要特征的特点，以第一层为例进行说明，通道数是 4，输入尺寸为 256×256 的图像。具体步骤如下（图 2.21）。

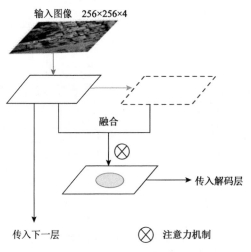

图 2.21　Improved U-net 网络低维特征保留结构

第一步，该结构内部进行两次相同的 3×3 卷积运算，每两层之间再使用 Maxpooling 进行空间降维，以缩小特征图尺寸，得到低级特征图，减少不必要的高频信息，此时网络的输出尺寸大小为 128×128×64。

第二步，将得到的特征图进行反卷积操作，得到与输入影像同维度的特征信息。

第三步，将前后得到的两次特征信息进行融合，生成"特征过渡层"。

第四步，将得到的"特征过渡层"传入扩张路径，与扩张路径对应维度特征完成跳跃连接，并将池化前的特征进行处理，作为下一层的输入特征进行传递。

通过上述处理可以保证每个编码层都包含低级特征细节信息和抽象的高级特征，从而提升彩钢板建筑边缘提取的效果。同时，在第一模块以外的下采样模块中，在上采样与卷积操作之间加入通道注意力模块，提升了网络对信息的关注能力。处于低层时，卷积核数为 64，至最高层时，卷积核数最多为 1024，特征尺寸由输入的 256×256 缩小至最高层的 16×16。

自下而上进行反卷积操作对应右半部分扩张路径。在此过程中可实现图像细节信息的恢复，以及空间维度的逐层恢复。在 U-net 网络基础框架上进行改进所得到的网络模型中，扩张路径和收缩路径生成的对应维度的"特征过渡层"进行跳跃连接，保留了原 U-net 网络模型特性。同时，在上采样后，引入通道注意力模块，使用 3×3 的卷积核进行一次卷积操作。经重复操作后，得到与输入数据尺寸相同的分割结果并将结果输出。在网络中，用 ELU 作为所有 3×3 卷积计算的激活函数，加快实验网络的收敛速度。网络结构具体参数如表 2.8 所示。

表 2.8　Improved U-net 彩钢板建筑提取网络模型参数

层名	卷积核大小	输出尺寸大小	激活函数	层级输入来源
输入层	—	256×256×4	—	—
卷积层 C1_1	3×3×64	256×256×64	ELU	输入层
卷积层	3×3×64	256×256×64	ELU	C1_1
池化层 P_1	2×2	128×128×64	—	C1_2
上采样 U_1	3×3×4	256×256×4	ELU	P_1
卷积层 C1_3	3×3×64	256×256×64	ELU	U_1
卷积层 C1_4	3×3×64	256×256×64	ELU	C1_4
融合 M_1	—	256×256×128	—	C1_2+C1_4
卷积层 C1_5	3×3×64	256×256×64	ELU	M_1
卷积层 C1_6	3×3×64	256×256×64	ELU	C1_5
池化层 P_2	2×2	128×128×64	—	C1_2
卷积层 C2_1	3×3×128	128×128×128	ELU	P_2
卷积层 C2_2	3×3×128	128×128×128	ELU	C2_1
池化层 P_3	2×2	64×64×128	ELU	C2_2
上采样 U_2	3×3×64	128×128×64	ELU	P_3
卷积层 C2_3	3×3×128	128×128×128	ELU	U_2
卷积层 C2_4	3×3×128	128×128×128	ELU	C2_3
注意力机制 A_1	—	128×128×128	PReLU	C2_2+C2_4
融合 M_2	—	128×128×256	—	A_1+C2_2
卷积层 C2_5	3×3×128	128×128×128	ELU	M_2
卷积层 C2_6	3×3×128	128×128×128	ELU	C2_5

层名	卷积核大小	输出尺寸大小	激活函数	层级输入来源
池化层 P_4	2×2	64×64×128	ELU	C2_2
卷积层 C3_1	3×3×256	64×64×256	ELU	P_4
卷积层 C3_2	3×3×256	64×64×256	ELU	C3_1
池化层 P_5	2×2	32×32×256	ELU	C3_2
上采样 U_3	3×3×128	64×64×128	ELU	P_5
卷积层 C3_3	3×3×256	64×64×256	ELU	U_3
卷积层 C3_4	3×3×256	64×64×256	ELU	C3_3
注意力机制 A_2	—	64×64×256	PReLU	C3_2+C3_4
融合 M_3	—	64×64×512	—	A_2+C3_2
卷积层 C3_5	3×3×256	64×64×256	ELU	M_3
卷积层 C3_6	3×3×256	64×64×256	ELU	C3_5
池化层 P_6	2×2	32×32×256	—	C3_2
卷积层 C4_1	3×3×512	32×32×512	ELU	P_6
卷积层 C4_2	3×3×512	32×32×512	ELU	C4_1
池化层 P_7	2×2	16×16×512	—	C4_2
上采样 U_4	3×3×256	32×32×256	ELU	P_7
卷积层 C4_3	3×3×512	32×32×512	ELU	U_4
卷积层 C4_4	3×3×512	32×32×512	ELU	C4_3
注意力机制 A_3	—	32×32×512	PReLU	C4_2+C4_4
融合 M_4	—	32×32×1024	—	A_3+C4_2
卷积层 C4_5	3×3×512	32×32×512	ELU	M_4
卷积层 C4_6	3×3×512	32×32×512	ELU	C4_5
上采样 U_5	3×3×256	64×64×256	ELU	C4_5
注意力机制 A_4	—	64×64×256	PReLU	U_5+C3_6
融合 M_5	—	64×64×512	—	A_4+C3_6
卷积层 C5_1	3×3×256	64×64×256	ELU	M_5
卷积层 C5_2	3×3×256	64×64×256	ELU	C5_1
上采样 U_6	3×3×128	128×128×128	ELU	C5_2
注意力机制 A_5	—	128×128×128	PReLU	U_6+C2_6
融合 M_6	—	128×128×256	—	A_5+C2_6
卷积层 C6_1	3×3×128	128×128×128	ELU	M_5
卷积层 C6_2	3×3×128	128×128×128	ELU	C6_1
上采样 U_7	3×3×64	256×256×64	ELU	C6_2

续表

层名	卷积核大小	输出尺寸大小	激活函数	层级输入来源
注意力机制 A_6	—	256×256×64	PReLU	U_7+C1_6
融合 M_7	—	256×256×128	—	A_6+C1_6
卷积层 C7_1	3×3×64	256×256×64	ELU	M_7
卷积层 C7_2	3×3×64	256×256×64	ELU	C7_1
输出层	1×1×4	256×256×4	Sigmoid	C7_2

相较于原 U-net 网络的结构，Improved U-net 网络保留原始网络的对称结构，以及左端"卷积+池化"的传递结构。网络整体包含影像输入、收缩部分和扩张部分组成的 7 个中间层次以及一个结果输出部分。不同之处在于编码部分对低维信息进行了增强保留，将原输入特征图与其对应产生的特征过渡层进行融合。同时，在进行二次卷积计算后，引入注意力机制，保证传入扩张路径中的特征较大限度地保留彩钢板建筑的特征信息，使得彩钢板建筑的细节信息可以更好地在网络中保留并传递，并以 ELU 为激活函数，加快网络的训练速度。

4. 实验及结果分析

采用训练样本对构建好的 Improved U-net 网络进行训练，模型训练参数与选取的优化器和 2.4.1 小节保持一致。在基于 Pytorch 的框架下，利用 GPU 加速，模型经过 50 个 epoch 后完成模型训练。模型训练过程中的损失与评价指标数值变化曲线如图 2.22 所示。随着模型训练的不断进行，网络的损失值与整体精度趋于稳定，网络逐渐收敛，相较于 U-net 网络与 Segnet 网络，Improved U-net 网络有着更快的收敛速度。

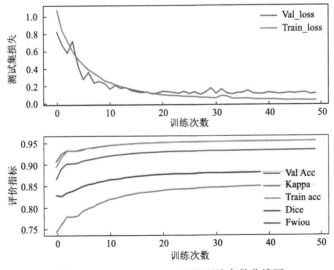

图 2.22 Improved U-net 网络训练参数曲线图

为了验证提出的低级特征保留的 Improved U-net 网络对彩钢板建筑的提取效果，本节选取了两幅影像进行测试验证，彩钢板建筑信息提取结果见图 2.23 和图 2.24。

 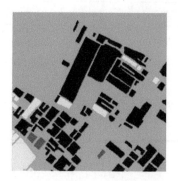

(a) 测试区 1　　　　　　　　　　(b) Improved U-net 网络提取结果

图 2.23　采用 Improved U-net 网络方法的测试区 1 彩钢板建筑提取结果

 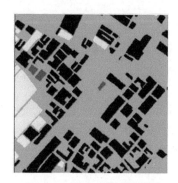

(a) 测试区 2　　　　　　　　　　(b) Improved U-net 网络提取结果

图 2.24　采用 Improved U-net 网络方法的测试区 2 彩钢板建筑提取结果

　　进一步对比分析发现，Improved U-net 网络取得了较好的目视分割效果，提取结果的边缘信息较为平滑、完整，能准确地提取影像中的彩钢板建筑信息。在细节部分，网络增加了低级特征保留结构，并且融入了通道注意力模块，使得网络对于细小建筑也有较好的识别与提取。Improved U-net 网络的整体与细节均优于 Segnet 网络和 U-net 网络，但受到部分建筑物阴影的影响，少数彩钢板建筑分割不完整。

　　为进一步验证 Improved U-net 网络对彩钢板建筑提取的量化精度，本节采用相同的测试数据对 Improved U-net 网络、Segnet 网络和 U-net 网络进行了对比分析，彩钢板建筑信息提取结果如图 2.25 所示。对比发现，相比于 U-net 网络，Improved U-net 网络对特征的保留与关注能力上升，其分割效果更好，彩钢板建筑信息更为完整，提取边缘更加连续，且对于细小建筑的提取效果也有了一定的提升。Improved U-net 网络的量化评价结果见表 2.9，与 U-net 网络相比，其各项量化评价指标都有提高，PA 和 Fwiou 分别提升 0.34% 和 0.08%，Dice 系数与 Kappa 系数分别提升 0.25% 和 0.19%。相较于 Segnet 网络，各项量化评价指标都有较大提升，PA 和 Fwiou 分别提升 2.41% 和 3.1%，Dice 系数与 Kappa 系数分别提升 5.33% 和 4.48%。

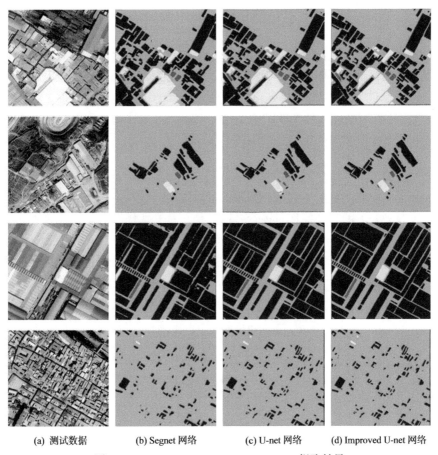

(a) 测试数据	(b) Segnet 网络	(c) U-net 网络	(d) Improved U-net 网络

图 2.25　Segnet、U-net、Improved U-net 提取结果

每一竖排图像为一组

表 2.9　U-net 网络、Improved U-net 网络与 Segnet 网络彩钢板建筑提取结果精度对比（单位：%）

网络模型	指标	测试区 1	测试区 2	测试区 3	测试区 4	均值
Segnet	PA	90.74	91.35	94.76	90.63	91.87
	Fwiou	85.19	86.33	92.21	87.32	87.76
	Dice	84.38	84.81	78.17	82.43	82.45
	Kappa	79.00	80.06	76.71	79.08	78.71
U-net	PA	93.05	94.48	95.62	92.60	93.94
	Fwiou	89.21	91.21	93.86	88.84	90.78
	Dice	88.74	87.41	84.74	88.43	87.53
	Kappa	82.95	84.48	81.94	82.61	83.00
Improved U-net	PA	92.94	94.03	97.29	92.87	94.28
	Fwiou	88.77	91.57	94.58	88.51	90.86
	Dice	88.90	87.57	83.86	90.78	87.78
	Kappa	84.86	84.08	80.24	83.57	83.19

2.4.4 基于 scSE 与金字塔池化的提取网络

前文实验研究发现，低级特征的保留与注意力机制的加入可在一定程度上提升网络对彩钢板建筑的识别与提取能力。因此，为了使网络更好地顾及彩钢板建筑的多尺度特征，本章以 U-net 基本框架为主体，融入 scSE（spatial squeeze and channel excitation）注意力机制，并对收缩路径进行改进，构建了基于 scSE 与金字塔池化的彩钢板建筑提取方法，进一步提高了彩钢板建筑信息提取的精度。

1. scSE 注意力机制

人的视网膜根据部位的不同会获得不同的观察力，但只有最中央的部分才具有最高的敏锐度。此外，人的眼睛往往对视觉范围的信息具有选择性，会选择视线范围内某些特定信息集中关注。遥感影像包含海量的地物光谱与空间特征，scSE（Roy et al.，2018）注意力机制能更多地顾及空间特征信息。因此，本章研究选用 scSE 注意力机制进行彩钢板建筑的提取实验。

scSE 注意力机制原理为，假设输入图像的尺寸为 $h \times w \times c$，将其表示为 $U = [u_1, u_2, \cdots, u_c]$，其中 $u_k \in R^{1 \times h \times w}$，$U \in R^{c \times h \times w}$，将图像特征经全局平均计算后，得到 $Z \in R^{e \times 1 \times w}$，每个 Z_k 的计算方式可以表示为

$$Z_k = \frac{1}{h \times w} \sum_h^i \sum_w^j u_k(i, j, 1) \tag{2.23}$$

通过对 k 通道中的空间信息进行压缩得到 Z_k，Z 则为网络所有通道空间信息逐一压缩后得到的张量。将张量 $Z \in R_c \times 1 \times 1$ 输入一个 $(c/2) \times c \times 1 \times 1$ 的全连接层，可以获得维度为 $(c/2) \times 1 \times 1$ 的张量。再将结果输入 ReLU 激活函数，并将得到的结果输入维度为 $(c/2) \times c \times 1 \times 1$ 的全连接层。此时张量得到恢复，维度变为 $c \times 1 \times 1$，将其记为 T'，再使其通过 Sigmoid 层，得到归于[0, 1]的结果值。将得到的值用 $\sigma(Z_k')$ 表示，并与最初对应的值相乘，可得

$$U_{cSE} = [\sigma(z_1')u_1, \sigma(z_2')u_2 \cdots \sigma(z_c')u_c] \tag{2.24}$$

将归一化的结果与最初的张量相乘，可以抑制通道内不重要的信息，降低干扰，而重要信息未受到影响，此时，重要信息得到了增强。具体结构如图 2.26 所示。

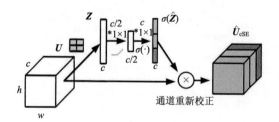

图 2.26　cSE 结构示意图

　　sSE 实现了将通道信息进行压缩以获得特征的重要信息。将输入的特征图用 $U = [u_1, 1, u_1, 2, \cdots, u_h, w]$ 表示，$u_{i,j} \in R_c \times 1 \times 1$，使用 1×1 卷积模板对特征进行压缩，即 $W_{sq} \in R_1 \times c \times 1 \times 1$。通过卷积运算得到 $q = W_{sq} \times U$，最后使用 Sigmoid 对运算结果进行归一化并与对应张量做乘积。具体结构如图 2.27 所示。

$$U_{sSE} = [\sigma(q^{1,1}), \sigma(q^{1,1}), \cdots, \sigma(q^{h,w})] \qquad (2.25)$$

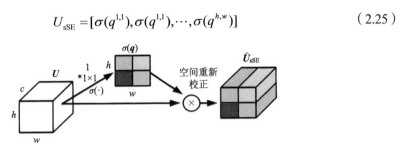

图 2.27　sSE 结构示意图

scSE 由 sSE 和 cSE 组合而成，计算公式详见式（2.26），其具体结构如图 2.28 所示。

$$U_{scSE} = U_{cSE} + U_{sSE} \qquad (2.26)$$

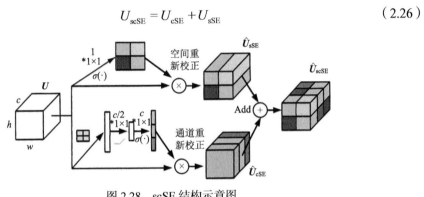

图 2.28　scSE 结构示意图

2. 空间金字塔池化

　　空间金字塔池化（spatial pyramid pooling，SPP）由 He 等（2015）提出，其具体结构如图 2.29 所示。SPP 解决了一般卷积神经网络输入尺寸固定的问题，可生成指定大小的特征输出。同时，根据输入要求的不同，SPP 可以将同一图像的不同尺寸大小作为输入，获得长度一致的池化特征，从而增强了目标的特征信息在网络中的传递，同时可以降低网络的过拟合。因此，SPP 用于彩钢板建筑信息的提取具有一定的优势。

3. 网络结构

　　在上述研究的基础上，本节基于 scSE 与 SPP 构建了彩钢板建筑信息提取模型，具体结构如图 2.30 所示。该网络依旧保留 U-net 网络的基础框架，在网络的每个卷积层后加入 scSE 注意力模块。同时根据池化层可以降低高频信息干扰且具有变化不变性的特点，在网络的编码路径中，将第一次卷积的输入图像进行复制。此时特征维度为 $256 \times 256 \times 64$，随后分别利用步长为 2、4、8 的池化窗口对复制特征进行池化，分别得到

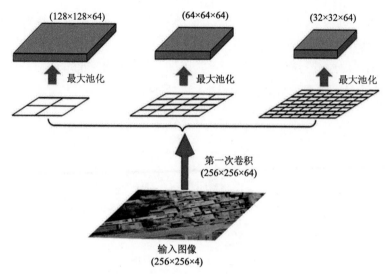

图 2.29 空间金字塔池化结构示意图

卷积特征 1/2、1/4、1/8 的尺寸特征，即 128×128×64、64×64×64、32×32×64。再将得到的特征与编码路径中具有相同尺寸的特征进行跳跃连接，随后进行卷积运算。这种处理更利于编码路径中目标特征和细节信息传递，减少因卷积和池化操作带来的损失，从而提升彩钢板建筑的提取效果。该网络的具体参数如表 2.10 所示。

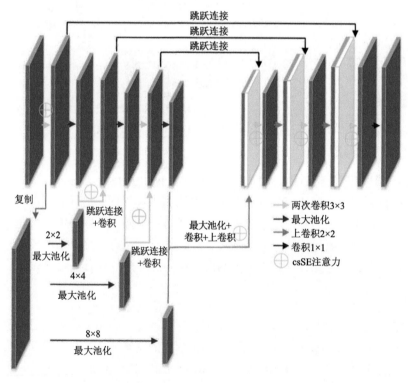

图 2.30 scSE 注意力机制与空间金字塔池化网络示意图

表 2.10　scSE+SPP U-net 彩钢板建筑提取网络模型参数

层名	卷积核大小	输出尺寸大小	激活函数	层级输入来源
输入层	—	256×256×4	—	—
卷积层 C1_1	3×3×64	256×256×64	ELU	输入层
池化层 P1_1	2×2	128×128×64	—	C1_1
池化层 P1_2	4×4	64×64×64	—	C1_1
池化层 P1_3	8×8	32×32×64	—	C1_1
卷积层 C1_2	3×3×64	256×256×64	ELU	C1_1
scSE S_1	—	256×256×64	ReLU	C1_2
池化层 P_1	2×2	128×128×64	—	S_1
融合 M_1	—	128×128×128	—	P1_1+P1
卷积层 C2_1	3×3×128	128×128×128	ELU	M_1
卷积层 C2_2	3×3×128	128×128×128	ELU	C2_1
scSE S_2	—	128×128×128	ReLU	C2_2
池化层 P_2	2×2	64×64×128	—	S_2
融合 M_2	—	64×64×192	—	P1_2+P2
卷积层 C3_1	3×3×256	64×64×256	ELU	M_2
卷积层 C3_2	3×3×256	64×64×256	ELU	C3_1
scSE S_3	—	64×64×256	ReLU	C3_2
池化层 P_3	2×2	32×32×256	—	S_3
融合 M_3	—	32×32×320	—	P1_3+P3
卷积层 C4_1	3×3×512	32×32×512	ELU	M_3
卷积层 C4_2	3×3×512	32×32×512	ELU	C4_1
scSE S_4	—	32×32×512	ReLU	C4_2
池化层 P_4	2×2	16×16×512	—	S_4
卷积层 C5_1	3×3×512	16×16×512	ELU	P_4
卷积层 C5_2	3×3×512	16×16×512	ELU	C5_1
上采样 U_1	2×2×512	32×32×512	ELU	C5_2
融合 M_4	—	32×32×1024	—	U_1+C4_2
卷积层 C6_1	3×3×512	32×32×512	ELU	M_4
卷积层 C6_2	3×3×512	32×32×512	ELU	C6_1
scSE S_5	—	32×32×512	ReLU	C6_2
上采样 U_2	2×2×256	64×64×256	ELU	S_5
融合 M_5	—	64×64×512	—	U_2+C3_2
卷积层 C7_1	3×3×256	64×64×256	ELU	M_5
卷积层 C7_2	3×3×256	64×64×256	ELU	C7_1

续表

层名	卷积核大小	输出尺寸大小	激活函数	层级输入来源
scSE S_6	—	64×64×256	ReLU	C7_2
上采样 U_3	2×2×128	128×128×128	ELU	S_6
融合 M_6	—	128×128×256	—	U_3+C2_2
卷积层 C8_1	3×3×128	128×128×128	ELU	M_6
卷积层 C8_2	3×3×128	128×128×128	ELU	C8_1
scSE S_7	—	128×128×128	ReLU	C8_2
上采样 U_4	2×2×64	256×256×64	ELU	S_7
融合 M_7	—	256×256×128	—	U_4+1_2
卷积层 C9_1	3×3×64	256×256×64	ELU	M_7
卷积层 C9_2	3×3×64	256×256×64	ELU	C9_1
输出层	1×1×1	256×256×1	Sigmoid	C9_2

4. 实验及结果分析

基于 scSE 与空间金字塔池化网络模型训练参数步骤与 2.4.1 节模型训练方法保持一致。在 Pytorch 框架下,利用 GPU 加速,经过 50 个 epoch 完成本章节网络训练。训练过程中网络损失及各项量化指标变化曲线如图 2.31 所示。

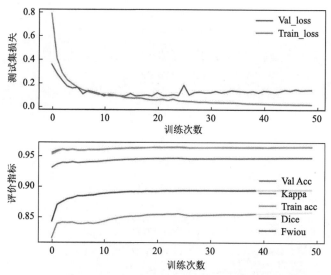

图 2.31　scSE 注意力机制与空间金字塔池化网络训练过程图

对图 2.31 分析发现,在网络训练过程中,随着迭代次数的增加,损失值逐渐降低,且整体收敛较快,约在第 9 个 epoch 时网络基本达到稳定,此时损失值为 0.09,准确率、Dice 系数、Kappa 系数、Fwiou 也达到稳定状态,分别为 96.4%、89.4%、85.6%、94.6%,网络整体效果较好。为了验证本节提出的低级特征保留的 Improved U-net 网络对彩钢板建筑的提取精度，选取了与前文实验相同的测试数据，目标提取结果如图 2.32 和图 2.33 所示。

(a) 测试区 1   (b) scSE+SPP 网络提取结果

图 2.32 采用 scSE+SPP 方法的测试区 1 彩钢板建筑提取结果

(c) 测试区 2   (d) scSE+SPP 网络提取结果

图 2.33 采用 scSE+SPP 方法的测试区 2 彩钢板建筑提取结果

对比图 2.32 和图 2.33 发现，基于 scSE 和 SPP 改进网络的提取效果较好，边界信息明显，形状完整，贴近真实。为进一步验证，利用相同的测试数据，本节对基于 scSE 和 SPP 的改进网络与前文所使用的网络进行对比分析，计算结果如图 2.34 所示。

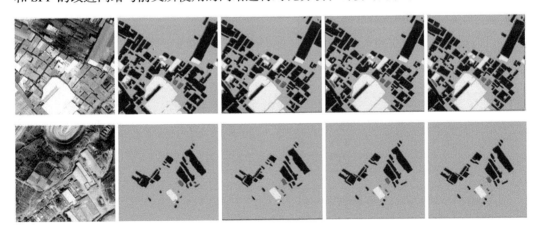

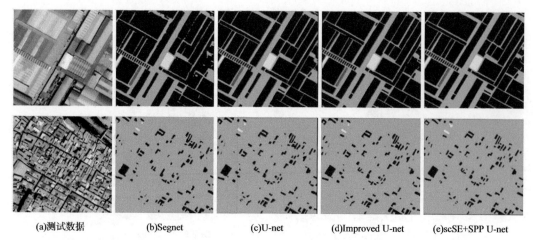

(a)测试数据　　　　(b)Segnet　　　　(c)U-net　　　　(d)Improved U-net　　　　(e)scSE+SPP U-net

图 2.34　Segnet、U-net、Improved U-net、scSE+SPP U-net 网络彩钢板建筑提取结果

每一竖排图像为一组

通过比较分析表明，基于 scSE 和 SPP 的改进网络提取精度更高，与 Improved U-net 相比，其强化了对细节信息的识别与保留能力，提取结果没有存在粘连和分类不完整的情况，但该网络受阴影干扰的情况依然存在。

为了更好地验证本节所提出网络的性能，使用四种评价指标对本节所改进的网络进行定量评价，评价数据详见表 2.11。进一步分析发现，基于 scSE 与 SPP 的改进网络与其他网络相比，其量化指标均有提升。与 Improved U-net 网络相比，PA 和 Fwiou 分别提升 0.78%和 1.08%，Dice 系数与 Kappa 系数分别提升 0.65%和 0.64%。与传统 U-net 网络相比，PA 和 Fwiou 分别提升 1.12%和 1.16%，Dice 系数与 Kappa 系数分别提升 0.9%和 0.83%。与 Segnet 网络相比，PA 和 Fwiou 分别提升 3.19%和 4.18%，Dice 系数与 Kappa 系数分别提升 5.98%和 5.12%。

表 2.11　彩钢板建筑提取网络结果评价指标　　　　（单位：%）

网络模型	指标	测试区 1	测试区 2	测试区 3	测试区 4	均值
Segnet	PA	90.74	91.35	94.76	90.63	91.87
	Fwiou	85.19	86.33	92.21	87.32	87.76
	Dice	84.38	84.81	78.17	82.43	82.45
	Kappa	79.00	80.06	76.71	79.08	78.71
U-net	PA	93.05	94.48	95.62	92.60	93.94
	Fwiou	89.21	91.21	93.86	88.84	90.78
	Dice	88.74	87.41	84.74	88.43	87.53
	Kappa	82.95	84.48	81.94	82.61	83.00
Improved U-net	PA	92.94	94.03	97.29	92.87	94.28
	Fwiou	88.77	91.57	94.58	88.51	90.86
	Dice	88.90	87.57	83.86	90.78	87.78
	Kappa	84.86	84.08	80.24	83.57	83.19

续表

网络模型	指标	测试区 1	测试区 2	测试区 3	测试区 4	均值
scSE+SPP U-net	PA	93.78	95.61	97.59	93.26	95.06
	Fwiou	90.11	92.38	95.72	89.53	91.94
	Dice	89.74	88.53	85.25	90.18	88.43
	Kappa	83.70	85.34	83.17	83.12	83.83

2.5　本章小结

本章针对现有语义分割网络的局限性与不足，以传统 U-net 网络基本框架为研究基础，针对性地运用 scSE 注意力机制、金字塔池化结构和低级特征保留机制，对原有结构模型进行改进，逐次构建了三种彩钢板建筑提取算法模型并进行对比分析，以寻找彩钢板建筑信息高精度自动提取的最佳方法。

研究的主要成果如下。

（1）本章构建了城市彩钢板建筑数据集。针对目前彩钢板建筑研究较少且没有关于彩钢板建筑的公开数据集的问题，本章利用兰州市安宁区 GF-2 卫星影像数据，通过人工目视解译完成了彩钢板建筑的矢量化工作，借助 ArcGIS 软件完成了训练数据与验证数据的裁剪与标注等工作。

（2）本章分析了彩钢板建筑及其他典型地物的影像光谱特征。针对彩钢板建筑的特异性，为更好地完成彩钢板建筑信息的提取，本章根据统计，分析了多种典型地物光谱信息，并基于此对影像中的彩钢板建筑进行了增强处理，使其信息在训练数据中更为突出。

（3）本章提出一种基于 U-net 网络改进的彩钢板建筑信息提取模型。借鉴 YOLOv3 网络，提出一种针对低级特征信息的 Improved U-net 网络模型，增强了网络传递过程中的低维特征，提高了细节信息的处理能力，减少特征信息在网络中的损失。使用训练数据完成了模型训练，用测试数据完成了深度学习网络提取测试，并与典型的语义分割神经网络进行精度对比分析。结果表明，本章的模型总体表现良好，能够有效且准确地提取主要细小彩钢板建筑物的信息，边缘信息更为完整，且在 PA、Fwiou、Dice 系数和 Kappa 系数上相比，其他网络都有明显的提升。

（4）本章提出一种基于 scSE 与 SPP 改进的 U-net 网络。通过对比试验表明，基于 scSE 与 SPP 改进的 U-net 网络运用于彩钢板建筑提取获得了较好的分割效果，与 Improved U-net 网络相比，PA 和 Fwiou 分别提升 0.78% 和 1.08%，Dice 系数与 Kappa 系数分别提升 0.65% 和 0.64%。

本章提出的深度学习的改进模型能够较为有效地实现彩钢板建筑信息的高精度快速提取，但限于彩钢板建筑类型、材质及成像角度等影响，样本数据难以采集全，仍会产生误提和漏提。因此，后期将继续开展以下几个方面的工作。

（1）研究及改进 RNN 系列网络、Reseg 神经网络、多尺度信息融合、网络编解码的融合等方法，探索更适合彩钢板建筑信息提取的方法。

（2）目前彩钢板建筑样本数据集制作以人机交互为主，制作周期较长，后续拟利用Python编程语言，结合优质的提取工具和算法，提升样本制作的效率，实现自动化制作。

（3）彩钢板建筑自身的多样性、屋顶坡度、地物遮挡及阴影等都会影响彩钢板建筑物的提取精度和完整性。因此，需要综合考虑彩钢板建筑的光谱特征和空间特征，并考虑环境因素等，采用"图谱合一"的方法减少误提和漏提。

参 考 文 献

陈思思. 2018. 基于卷积神经网络的太阳射电频谱图的分类算法研究. 深圳: 深圳大学硕士学位论文.

高芬, 苏依拉, 牛向华, 等. 2020. 基于 Transformer 的蒙汉神经机器翻译研究. 计算机应用与软件, 37(2): 2-3.

胡敏. 2020. 基于深度学习的 GF-2 影像建筑物提取研究. 赣州: 江西理工大学硕士学位论文.

李鹏元, 杨树文, 姚花琴, 等. 2017. 基于高分辨率遥感影像的城区彩钢板提取研究. 地理空间信息, 15(9): 13-18.

李彦冬, 郝宗波, 雷航. 2016. 卷积神经网络研究综述. 计算机应用, 36(9): 2508-2515.

刘尚旺, 崔智勇, 李道义. 2020. 基于 U-net 网络多任务学习的遥感图像建筑地物语义分割. 国土资源遥感, 32(4): 74-83.

潘朝. 2017. 多尺度显著性引导的高分辨率遥感影像建筑物提取. 科技创新与生产力, (5): 106-109.

潘昕. 2018. 遥感影像建筑物提取与深度学习. 北京: 北京建筑大学硕士学位论文.

申顺发. 2021. 基于深度学习的彩钢板建筑信息识别与提取. 兰州: 兰州交通大学硕士学位论文.

申翔翔, 侯新文, 尹传环. 2020. 深度强化学习中状态注意力机制的研究. 智能系统学报, 15(2): 1-5.

唐璎. 2020. 基于深度卷积神经网络的高分辨率遥感影像建筑物提取方法研究. 兰州: 兰州交通大学硕士学位论文.

汪志文. 2019. 基于深度学习的高分辨率遥感影像语义分割的研究与应用. 北京: 北京邮电大学硕士学位论文.

王明申, 牛斌, 马利. 2019. 一种基于词级权重的 Transformer 模型改进方法. 小型微型计算机系统, 40(4): 744-748.

王鑫, 吴际, 刘超, 等. 2018. 基于 LSTM 循环神经网络的故障时间序列预测. 北京航空航天大学学报, 44(4): 772-784.

徐锐, 余小于, 张驰, 等. 2020. 融合 U-net 网络和 IR-MAD 的建筑物变化检测方法. 国土资源遥感, 32(4): 90-96.

张刚. 2020. 基于深度学习的遥感图像语义分割关键技术研究. 北京: 中国科学院大学(中国科学院光电技术研究所)博士学位论文.

周卫林, 王玉龙, 裴锋, 等. 2021. 基于分段学习模型的自动驾驶行为决策算法研究. 中国公路学报, 35(6): 324-338.

周文忠. 2018. 基于视频图像的烟雾检测技术研究. 南京: 南京理工大学硕士学位论文.

Cho K, Merrienboer B V, Gulcehre C, et al. 2014. Learning Phrase Representations using RNN Encoder-Decoder for Statistical Machine Translation. Computer Science. https://blog.csdn.net/qq_39778575/article/details/108917987[2022-5-10].

Han J, Zhang D, Gong C, et al. 2018. Advanced deep-learning techniques for salient and category-specific object detection: A survey. IEEE Signal Processing Magazine, 35(1): 84-100.

He K M, Zhang X Y, Ren S Q, et al. 2015. Delving deep into rectifiers: Surpassing human-level performance on ImageNet classification. https://www.doc88.com/p-2426355122152.html[2022-8-15].

Hubel D H, Wiesel T N. 1959. Receptive fields of single neurones in the cat's striate cortex. The Journal of Physiology, 148(3): 574-591.

Hubel D H, Wiesel T N. 1968. Receptive fields and functional architecture of monkey striate cortex. The Journal of Physiology, 195: 215-243.

Islam M T, Siddique B M N K, Rahman S, et al. 2018. Image Recognition with Deep Learning. Bangkok: 2018 International Conference on Intelligent Informatics and Biomedical Sciences (ICIIBMS).

John K, Tsotso S, Scan M, et al. 1995. Modeling visual attention via selective tuning. Artificial Intelligence, 78(1): 507-545.

Lowe D G. 2004. Distinctive image features from scale-invariant keypoints. International Journal of Computer Vision, 60(2): 91-110.

Maas A L, Hannun A Y, Ng A Y. 2013. Rectifier nonlinearity improve neural network acoustic models. Atlanta: Proceedings of ICML Workshop on Deep Learning for Audio, Speech, and Language.

Mcculloch W S, Pitts W H. 1988. A logical calculus of the ideas immanent in nervous activity. The Bulletin of Mathematical Biophysics, 5:115-133.

Nassif A B, Shahin I, Attili I, et al. 2019. Speech recognition using deep neural networks: A systematic review. IEEE Access, (99): 1.

Rafferty J, Shellito P, Hyman N H, et al. 2006. Practice parameters for sigmoid diverticulitis. Diseases of The Colon & Rectum, 49(7): 939-944.

Redmon J, Divvala S, Girshick R, et al. 2016. You Only Look Once: Unified, Real-Time Object Detection. Las Vegas, NV:2016 IEEE Conference on Computer Vision and Pattern Recognition (CVPR).

Roy A G, Navab N, Wachinger C. 2018. Concurrent Spatial and Channel Squeeze & Excitation in Fully Convolutional Networks. Strasbourg: International Conference on Medical Image Computing and Computer-Assisted Intervention.

Xu B, Wang N Y, Chen T Q, et al. 2015. Empirical Evaluation of Rectified Activations in Convolutional Network. Lille: Proceedings of the 32th International Conference on Machine Learning: Deep Learning Workshop.

Zhao Q, Cai X, Chen C, et al. 2017. Commented Content Classification with Deep Neural Network based on Attention Mechanism. Chongqing: IEEE Advanced Information Technology, Electronic & Automation Control Conference.

Zillich M, Frintrop S, Pirri F, et al. 2014. Workshop on Attention Models in Robotics: Visual Systems for Better HRI. New York: Proceedings of the 2014 ACM/IEEE International Conference on Human-Robot Interaction.

第 3 章

彩钢板建筑群时空分布特征

3.1 引　　言

　　在"一带一路"倡议、"西部大开发"、城市化及城市转型升级等的推动下,在西北重点城市,如兰州、银川和乌鲁木齐等,彩钢板建材凭借其成本低廉、质轻易装卸等特点,被广泛应用于临时性住房、厂房及仓库等建筑(Song et al., 2021)。

　　卫星影像监测和实地调研均表明,作为城市建筑物的一部分,密集分布于城市一些地块中的不同类型的彩钢板建筑具有不同的空间分布和聚集特征(Wang et al., 2019;马吉晶等,2018)。大型彩钢板建筑主要为工厂、企业车间、仓储等,分布比较分散,小型彩钢板建筑主要为临时性建筑,在城中村等地块聚集明显,数量庞大(王金梅,2019;李鹏元,2017)。此外,彩钢板建筑数量时间演变特征明显(王金梅,2019)。以兰州市安宁区为例,2005 年以前彩钢板建筑数量极少,2005~2017 年彩钢板建筑数量激增,仅安宁区多达 7386 个,占全区总面积的 3.14%,最大的彩钢板建筑面积为 24650.9 m^2,最小的彩钢板建筑面积为 7.3 m^2,平均面积约为 341.7 m^2。截至 2017 年,据不完全统计,整个兰州市彩钢板建筑多达 34518 个,总面积约 9.6 km^2。2017 年以后,兰州市的彩钢板建筑数量明显减少。

　　为什么会出现这种现象?目前针对城市彩钢板建筑群时空分布特征方面的研究明显不足,由此,本章以兰州市为研究区,利用 GIS 空间分析、相关性分析和回归分析等方法,探析了彩钢板建筑群的时空分布、演变规律及其聚集等特征(高丽雅,2021;马吉晶,2019;王金梅,2019;Yang et al., 2018)。研究表明彩钢板建筑时空分布及演变与兰州市房地产开发、各种产业园区建设及文明城市筹建等有密切关系,是政策、经济和社会发展共同作用的结果。因此,彩钢板建筑群的空间分布与变化具有一定的时空规律可循,其分布状态及变化规律直接或间接地映射着社会经济水平、人口分布、城市发展进程,也在一定程度上表征了城市发展不平衡、人地矛盾等问题。

3.2　彩钢板建筑群时序演变特征

　　研究发现两个研究区中彩钢板建筑群的大规模存在具有很明显的时间演变规律,彩钢板建筑快速拓展的时间与城市化进程和城市产业园区的发展时间是同步的,具有很好的吻合性（宋郤，2021）。为了量化分析彩钢板建筑群的时间演变特征，因其他辅助数据收集原因，本节仅以兰州市安宁区为例进行说明。

兰州市安宁区南临黄河，北依群山，其主城区紧依黄河建设，研究区的范围如图 3.1 所示。安宁区建成较晚，但近年来发展较快，城市化进程显著。区内大型企业群集，建有甘肃省唯一的国家级经济技术开发区。区内大专院校集中，大型公园多，绿化占比高。目前，安宁区正处于城市转型升级时期，在城中村、城乡接合部、城市边缘、学校周边及产业园区等地块彩钢板建筑分布范围广，聚集特征明显。区内较为集中的彩钢板建筑主要为临时性居民楼顶建筑和各种产业园区（以工业园区和物流园区为主）。

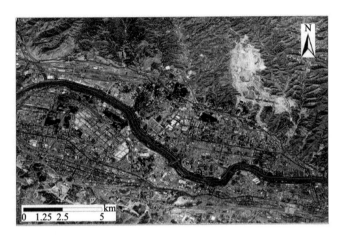

图 3.1　研究区范围

本节分别基于 QuickBird 2 和 GF-2 影像提取了研究区的彩钢板建筑信息。其中，2005 年、2008 年彩钢板建筑信息基于 QuickBird 2 影像提取，其空间分辨率为 0.6 m。2014 年、2017 年彩钢板建筑信息基于 GF-2 影像提取，其空间分辨率为 0.8 m。根据提取结果统计，研究区 2005 年、2008 年、2014 年和 2017 年分别有 265 个、2317 个、4044 个和 6559 个彩钢板建筑（图 3.2）。统计数据表明，近年来研究区彩钢板建筑的数量呈现出快速增长的趋势。

以安宁区王家庄为例分析，通过影像对比发现，2005 年该城中村彩钢板建筑仅有 2 个，到 2017 年已有大小不同的彩钢板建筑 130 个，形成鲜明对比（图 3.3）。进一步对整个安宁区主城区彩钢板建筑提取结果进行对比，发现其也存在极其显著的时间变化，变化区域主要集中在城中村和工业园区等地块（图 3.2）。

进一步统计分析表明，研究区 2005 年仅有 265 栋彩钢板建筑，2017 年却多达 6559 栋彩钢板建筑。根据实际调研和影像提取精度分析，其中面积大于 200 m² 的彩钢板建筑主要集中在新技术开发区，以大型工厂厂房、企业的仓库为主，共有 2257 栋。面积小于 200 m² 的彩钢板建筑分散于城中村、建设工地及城市边缘等地块，以居民楼顶搭建临时性建筑为主，共有 4002 栋。如图 3.4 所示，2017 年以 200 m² 为界小彩钢板建筑数量占所有彩钢板建筑总数的 61%［图 3.4（a）］，而大彩钢板建筑的面积反而占所有彩钢板建筑面积的 81%［图 3.4（b）］。

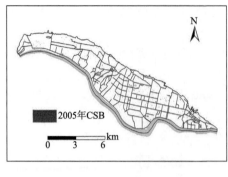
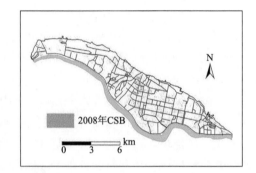
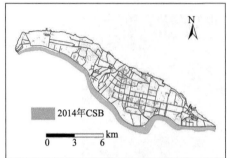
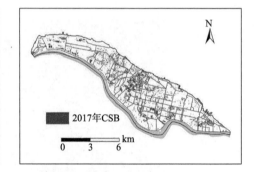

图 3.2　兰州市安宁区 2005～2017 年彩钢板建筑提取结果

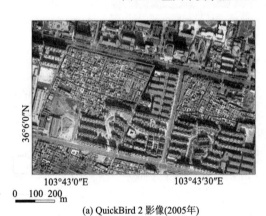
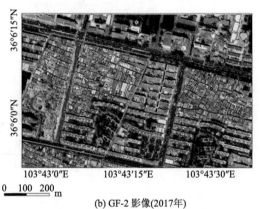

(a) QuickBird 2 影像(2005年)　　　　　(b) GF-2 影像(2017年)

图 3.3　兰州市安宁区王家庄 2005 年、2017 年彩钢板建筑分布情况

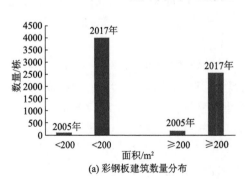
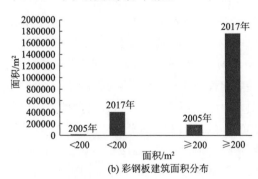

(a) 彩钢板建筑数量分布　　　　　　(b) 彩钢板建筑面积分布

图 3.4　彩钢板建筑基本情况统计分析

因 2005 年彩钢板建筑数量太少,本章仅以 2017 年为例,依托调研情况,对研究区的彩钢板建筑面积及其对应的数量进行统计分析,如图 3.5 所示。其中,面积≤200 m² 的彩钢板建筑数量相对较少且集中,主要为城中村居民楼顶临时建筑、车棚等。面积在 200~500 m² 的彩钢板建筑数量较多,主要为分布在城中村及其周边的临时住房、小型商业、小型工厂等建筑。面积≥500 m² 的彩钢板建筑数量相对较少,主要分布在产业园区,多为大型仓库、厂房等。

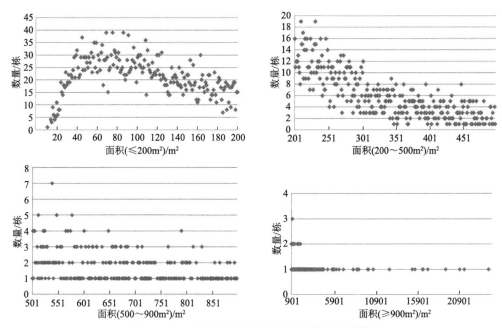

图 3.5 2017 年不同面积彩钢板建筑数量分布情况

3.3 彩钢板建筑群空间分布特征

从影像提取结果中发现彩钢板建筑群空间分布具有明显的空间集聚特征和空间拓展方向,并且面积不同的彩钢板建筑群在特定区域内有各自的聚集特性。通过高分影像对比解译和实地调研发现大面积的彩钢板建筑群(单个面积≥500 m²,简称大型彩钢板建筑)多分布在产业园区,主要为工厂、仓储等用途。小面积的彩钢板建筑群(单个面积<500 m²,简称小型彩钢板建筑)应用广泛,多为临时居住房、小店铺、小修理厂、厨房等,与人们的日常生活息息相关。

为了量化分析不同类型彩钢板建筑群空间演变特征,本节以兰州市 2017 年彩钢板建筑数据为例,采用核密度方法分析了彩钢板建筑群在兰州市的整体聚集特征,采用标准差椭圆分析了彩钢板建筑群的空间扩展方向和趋势。此外,按街道统计彩钢板建筑面积,并利用 Moran 指数分析各街道彩钢板建筑是否有空间依赖性,采用缓冲区分析等方法研究彩钢板建筑空间扩展情况。

3.3.1 彩钢板建筑群聚集密度分析

1. 核密度分析

本节采用核密度分析方法对兰州市不同面积（大型、小型）的彩钢板建筑群进行了空间聚集密度研究，以单个彩钢板建筑面积为计算字段，设定 1500～3000 m 内不同距离阈值（图 3.6），发现设置距离衰减阈值为 2500 m 时效果最为理想，生成的彩钢板建筑的密度栅格较为平滑且概化程度较高。

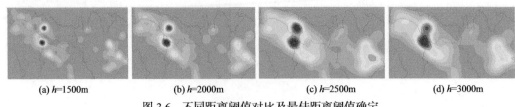

(a) *h*=1500m   (b) *h*=2000m   (c) *h*=2500m   (d) *h*=3000m

图 3.6　不同距离阈值对比及最佳距离阈值确定

针对大型和小型彩钢板建筑群核密度分析的结果如图 3.7 和图 3.8 所示，结果表明在主干道密集以及黄河周边区域，大小型彩钢板建筑密度都较高。其中，小型彩钢板建筑主要有两个高值点，并且以这两个点为中心，四周彩钢板建筑密度逐渐降低；而大型彩钢板建筑有多个大小不一的高值中心点，说明整体上小型彩钢板建筑分布更集中，大型彩钢板建筑较分散。进一步分析发现，大型彩钢板建筑主要集中在安宁区西部、七里河区中部、城关区东部，以及安宁区、西固区、七里河区三区交界处；小型彩钢板建筑主要集中在安宁区、西固区、七里河区三区交界处以及城关区东部。

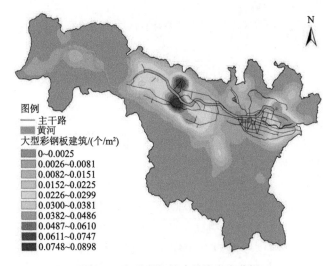

图 3.7　大型彩钢板建筑核密度分析

将大型彩钢板建筑核密度分析结果重分类，再对照街道矢量边界分析可以得到，核密度最高的有两处，分别是位于七里河区的秀川街道和位于安宁区的安宁堡街道。调研后发现其主要原因是有许多中小型企业聚集于此，且多以贸易业和新兴服务业为主体。安宁区的沙井驿、刘家堡街道，西固区的四季青、西柳沟街道以及城关区的雁北街道、焦家湾街道、高新区街道、东岗街道、青白石街道的西南角核密度次之。调查发现这些街道（区）多为工业型街道，有许多大中型企业聚集，多以建材、运输业等为主体。综上所述，大型彩钢板建筑密度高的区域多为各种产业园区，属于企业聚集地、工业用地。

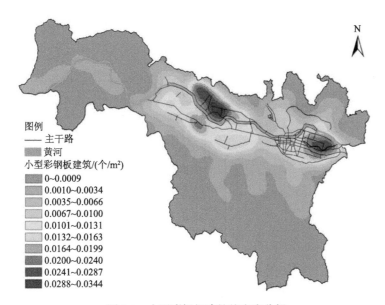

图 3.8　小型彩钢板建筑核密度分析

　　将小型彩钢板建筑核密度分析结果重分类，再对照街道矢量边界分析可以得到，核密度最高的分别是安宁区的银滩路、孔家崖、刘家堡、安宁堡街道以及城关区的高新区、拱星墩街道。调查发现这些街道存在大量的棚户区（城中村），房屋老旧，人员复杂，安全隐患突出，急需拆迁改造。综上所述，小型彩钢板建筑密集处主要是临时居住地等。

　　2. 方向分布特征分析

　　以彩钢板建筑面积作为权重字段，利用标准差椭圆分析的结果如图 3.9 所示，选择第一级标准差生成的椭圆可将约占总数 68% 的彩钢板建筑物包含在内。对大小型彩钢板建筑的标准差椭圆参数进行分析（表 3.1）可发现，大小型彩钢板建筑群的转角大致相同，即总体上方向一致；长短轴之比都大于 1，方向性明显。其中，大型彩钢板建筑群的长短轴之比较大，说明方向性更明显，小型彩钢板建筑群的短轴更短，说明向心力更明显。大型彩钢板建筑群生成的椭圆面积比小型的大，说明大型彩钢板建筑群分布的范围更广。进一步分析图 3.9 可以发现彩钢板建筑群的分布重心在区与区的交界处，分布方向是东南—西北走向，与黄河的流向大致相同，分布范围主要以黄河为轴线向黄河两侧延展。这种延展方向与兰州市的河谷地形有密切关系，受地形影响，城市扩展沿着河道进行，逐次向两边拓展。

表 3.1　标准差椭圆参数

类型	转角/(°)	长轴/m	短轴/m	长短轴之比	面积/m²
小型彩钢板建筑	107.65	14 487.83	4 437.53	3.26	201 929 704
大型彩钢板建筑	107.11	15 771.09	4 649.91	3.39	230 332 199

图例

☐ 小型彩钢板建筑标准差椭圆
☐ 大型彩钢板建筑标准差椭圆
▨ 黄河

图 3.9　彩钢板建筑标准差分析结果

3.3.2　彩钢板建筑群街道分布特征

为了研究相邻街道的彩钢板建筑群空间分布是否有空间依赖性，对地均彩钢板建筑密度进行空间自相关性分析。地均彩钢板建筑密度即单位面积土地上的彩钢板建筑面积，计算时用各个街道彩钢板建筑总面积除以街道面积，能直观地说明各街道彩钢板建筑占地面积情况。

1. 全局自相关性分析

运用全局空间自相关指数 Moran 指数（王振波等，2018）I 计算的结果详见表 3.2。从表 3.2 中可以看出，I=0.232054，P=0.001327<0.01。这说明，这些街道的彩钢板建筑空间分布存在显著的空间集聚现象，而且各个街道的彩钢板建筑密度呈现正向空间自相关。

表 3.2　街道彩钢板建筑密度的全局 Moran 指数及其检验

项目	I	Z 得分	P
地均彩钢板建筑密度	0.232054	3.21012	0.001327

2. 局部自相关性分析

为了进一步研究局部空间的集聚是否会相互影响，绘制了 Moran 散点图（图 3.10）。由图 3.10 可以看出，在 4 个象限内部都有样本点分布，但在第一和第三象限内分布的点较多，这说明各街道之间彩钢板建筑密度的空间自相关方式主要是高值与高值集聚，低值与低值集聚，且位于第三象限的低–低型街道数量远多于第一象限的高–高型街道数量，表明低值集聚地区比高值集聚地区数量多、分布广。

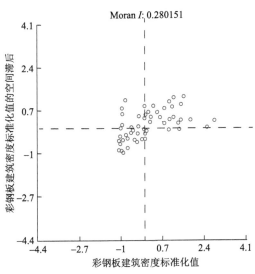

图 3.10　各街道地均彩钢板建筑密度散点图

为分析局部空间集聚发生的变化，本节重点考察显著性水平较高（采用 0.05 的显著性水平）的局部空间集聚指标，最终得到 LISA 集聚图（图 3.11）。其中，不显著街道范围最广，主要分布在西南、东北地区；显著高–高型街道有 9 个，主要分布在安宁区与七里河区交界处以及城关区的南部；显著低–低型街道有 7 个，主要分布在西固区的西部、城关区的西部以及七里河区南部的两个乡镇；低–高型街道有 1 个，分布在城关区的拱星墩街道。相关详细的街道名称见表 3.3。

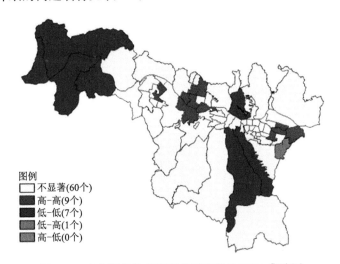

图 3.11　各街道地均彩钢板建筑密度的 LISA 集聚图
括号中的数据代表街道图斑的数量

表 3.3　高—高集聚及低—低集聚的街道名称

高–高	低–低
西固城街道	东川镇
秀川街道	新城镇
嘉峪关路街道	达川镇
拱星墩街道	河口镇
东岗街道	魏岭乡
高新区街道	八里镇
安宁西路街道	靖远路街道
银滩路街道	
刘家堡街道	

3.3.3　彩钢板建筑群影响范围

前文研究结果表明彩钢板建筑群的分布与黄河存在一定联系，此外，市中心也是影响建筑物分布的一个因素。为研究彩钢板建筑群的影响方位，本节结合兰州市城市空间发展特征，在进行缓冲区分析时，分别采用了点中心和面中心两种模式，以市政府为中心和黄河为轴心，以及 2000 m 为缓冲半径进行分析。

1. 市中心缓冲区分析

以市政府为中心（师满江，2016）、2000 m 为半径做缓冲区分析（图 3.12），以确保覆盖所有彩钢板建筑群。研究分别统计各个半径缓冲区内的彩钢板建筑总面积和土地总面积，用彩钢板建筑总面积除以土地面积得到各个半径缓冲区内的彩钢板建筑密度，绘制的密度–距离曲线如图 3.13 所示。

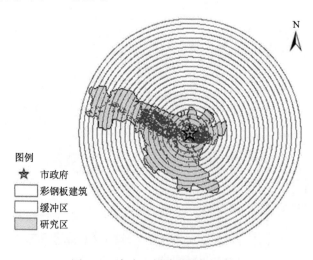

图例
☆　市政府
□　彩钢板建筑
□　缓冲区
▨　研究区

图 3.12　市中心缓冲区分析示意图

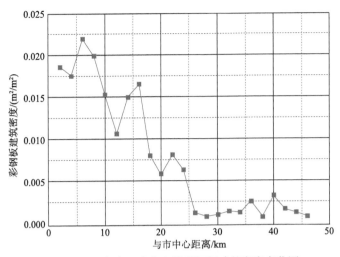

图 3.13　以市中心为中心的彩钢板建筑密度变化图

分析曲线图可发现,整体上彩钢板建筑群在各个半径缓冲区内的密度随着与市中心的距离加大而呈下降趋势,距离市中心 6 km 处彩钢板建筑密度最大,在 6~12 km、16~18 km 处急剧降低,在 4~6 km、12~16 km 处上升,然后在 26~46 km 保持缓慢下降。

2. 黄河缓冲区分析

以黄河为轴心、2000 m 为半径对黄河进行 12 等级缓冲区分析,得到兰州主城区黄河分级缓冲区分析结果(图 3.14)。同上文,根据各个半径缓冲区内的彩钢板建筑密度的计算结果绘制的密度-距离曲线如图 3.15 所示。

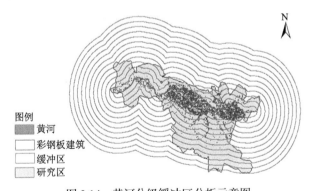

图 3.14　黄河分级缓冲区分析示意图

分析曲线图 3.15 可以发现,整体上彩钢板建筑群在各个半径缓冲区内的密度随着远离黄河而呈下降趋势。8~20km 范围内彩钢板建筑数量增长缓慢,8km 以内数量急剧增加,整体呈现对数模型,彩钢板建筑群与黄河的距离-密度函数如下:

$$y = -0.01\ln x + 0.27 \tag{3.1}$$

式中,y 为不同半径缓冲区内的彩钢板建筑密度;x 为彩钢板建筑群与黄河的距离。拟合度较好($R^2 = 0.872$)。

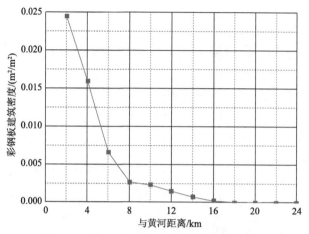

图 3.15　以黄河为轴心的彩钢板建筑密度变化图

综上所述，以黄河为轴心的缓冲区分析比以市中心为中心的缓冲区分析能更好地反映彩钢板建筑群空间分布规律。中心地带的彩钢板建筑密度总体较高，说明兰州主城区还有大量的临时彩钢板建筑，表明兰州市的城市化水平相对较低。市中心彩钢板建筑密度相对于距离市中心 4～5 km 的彩钢板建筑密度较低，说明市中心的彩钢板建筑正在减少，表明兰州市正在快速发展中。

3.4　彩钢板建筑群时空演变过程

研究区 2005 年彩钢板建筑总体数量较少，为研究整个城市彩钢板建筑时空演变过程，本节研究以 2008 年、2014 年和 2017 年的数据为例进行说明。其中，彩钢板数据是基于 GF-2 和 Google Earth 影像利用深度学习方法提取的，结果如图 3.16 所示。为分析不同面积彩钢板建筑的增强情况，本节进一步统计了 2008～2017 年研究区内彩钢板建筑的面积，以及大、小型彩钢板建筑的占比（大型面积≥500 m²）（表 3.4）。由表 3.4 可知，2008～2017 年研究区彩钢板建筑总体面积呈增长趋势，年均增长 8.53%。其中，研究区内大型彩钢板建筑面积占比较大，9 年间大型彩钢板建筑面积占比增长显著，年均增长 12.83%，而小型彩钢板建筑面积减少缓慢，年均减少 1.07%。

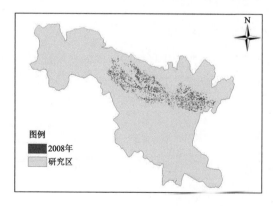

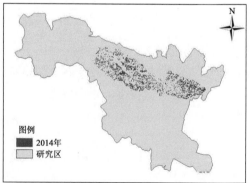

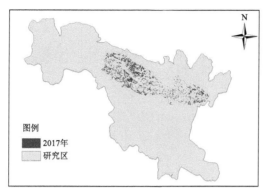

图 3.16　研究区彩钢板建筑面积变化

表 3.4　研究区彩钢板建筑统计数据

年份	彩钢板建筑 面积/km²	彩钢板建筑面积 占比/%	大型彩钢板建筑面积在 研究区内的占比/%	小型彩钢板建筑面积在 研究区内的占比/%
2008	3.23	1.57	0.55	0.54
2014	6.66	3.23	1.32	0.77
2017	6.75	3.27	1.63	0.49

将彩钢板建筑信息叠加到谷歌影像上，结合实地考察和分析发现，2008～2017 年兰州市安宁区刘家堡、费家营以及仁寿山景区一带，西固区奥体中心、范家坪村一带，城关区科技产业园、刘家滩新村一带彩钢板建筑增长较多，且多以大型彩钢板建筑增长为主。其原因在于在仁寿山景区、奥体中心以及科技产业园这些地段分布有大量农家乐、工厂、建筑工地、物流产业园和建材市场等，彩钢板的特性造成这些地块彩钢板建筑被大量建设。

上述研究表明，2008 年小型彩钢板建筑遍布整个兰州市，然而近年来随着城市化进程加快及兰州市 2017 年开始创建文明城市，部分安全性差、影响市容的小型彩钢板建筑，如居民违章建筑、临时施工场所、城中村建筑等被大量拆除。由此证明，彩钢板建筑数量及分布位置的演变能够在一定程度上反映城市发展的阶段性和演变过程。

此外，利用城市扩张速度及城市扩张强度两个指标[式（3.2）和式（3.3）]，分析了兰州市主城区彩钢板建筑 2008～2017 年的时空扩展特征，结果详见表 3.5。由统计分析结果可知，就扩张面积而言，2008～2014 年彩钢板建筑面积增加 3.43 km²，2014～2017 年彩钢板建筑面积仅增加 0.09 km²。就扩张速度和扩张强度而言，2008～2014 年彩钢板建筑的年均扩张速度达 0.57 km²/a，扩张强度为 17.64%，明显高于 2014～2017 年的年均扩张速度 0.03 km²/a。说明 2008～2014 年兰州市主城区城市建设发展速度快，建设强度高，彩钢板建筑大面积扩张。

$$C = \frac{S_{n+i} - S_i}{n} \qquad (3.2)$$

$$I = \frac{S_{n+i} - S_i}{S_i n} \times 100\% \qquad (3.3)$$

式中，S_{n+i} 为 $n+i$ 年彩钢板建筑面积；S_i 为 i 年彩钢板建筑面积；n 为相隔的年数。

表 3.5　2008～2017 年研究区彩钢板建筑扩张统计数据

年份	扩张面积/km²	扩张速度/（km²/a）	扩张强度/%
2008～2014	3.43	0.57	17.64
2014～2017	0.09	0.03	4.50
2008～2017	3.52	0.39	12.07

本节分别分析了 2008～2017 年四个行政区内彩钢板建筑的变化情况，结果如图 3.17 所示。2008 年、2014 年和 2017 年各行政区内彩钢板建筑的面积及比例统计结果详见表 3.6，2008 年兰州市主城区的四个行政区中，城关区彩钢板建筑面积最大，为 1.19 km²，占城关区总面积的 1.84%；安宁区彩钢板建筑面积最小，为 0.49 km²，占安宁区总面积的 1.09%。2014 年彩钢板建筑面积最大的行政区仍为城关区，增加至 2.38 km²，占城关区总面积的 3.71%；七里河区彩钢板建筑面积最小，为 1.23km²，占七里河区总面积的 2.55%。2017 年西固区的彩钢板建筑面积最大，为 2.05 km²，占西固区总面积的 4.17%；七里河区的彩钢板建筑面积最小，为 0.86 km²，占七里河区总面积的 1.79%。9 年间彩钢板建筑分布最多的区域由城关区转变为西固区，分布最少的区域由安宁区转变为七里河区。

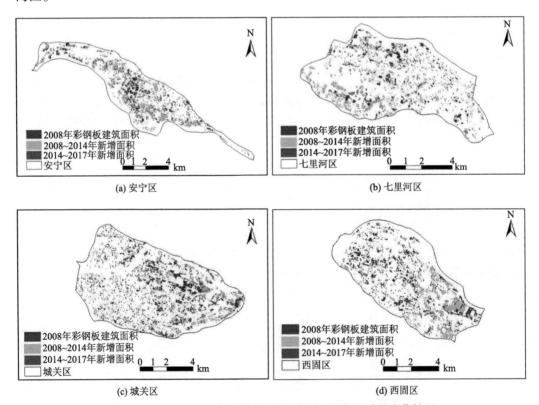

图 3.17　2008～2017 年兰州市主城区各辖区彩钢板建筑变化情况

表 3.6 各行政区彩钢板建筑统计数据

行政区	2008 年		2014 年		2017 年	
	面积/km²	比例/%	面积/km²	比例/%	面积/km²	比例/%
安宁区	0.49	1.09	1.25	2.80	1.97	4.41
七里河区	0.62	1.28	1.23	2.55	0.86	1.79
城关区	1.19	1.84	2.38	3.71	1.86	2.89
西固区	0.81	1.66	1.79	3.65	2.05	4.17

对 2008~2017 年兰州市主城区各行政区内彩钢板建筑的扩张速度和扩张强度进行统计,结果详见表 3.7。2008~2017 年兰州市主城区彩钢板建筑总面积共增长了 3.63 km²,各行政区内彩钢板建筑扩张速度、扩张强度不同。在这一过程中,安宁区、西固区彩钢板建筑始终呈增长趋势,城关区、七里河区彩钢板建筑则呈现先增加后减少的趋势。就扩张速度而言,2008~2017 年安宁区彩钢板建筑扩张速度最快,扩张强度最大,西固区仅次之,七里河区扩张速度最为缓慢。

表 3.7 2008~2017 年兰州市主城区各行政区彩钢板建筑扩张统计数据

行政区	扩张面积/km²	扩张速度/（km²/a）	扩张强度/%
安宁区	1.48	0.16	33.56
七里河区	0.24	0.03	4.30
城关区	0.67	0.07	6.26
西固区	1.24	0.14	17.01

根据实地调研发现,彩钢板建筑主要应用于临时住房、建筑施工地、产业园区、大型工厂等第二、第三产业。兰州市主城区内各辖区彩钢板建筑的不断扩张表明城市经济正在快速发展,局部产业结构转型升级提速,市中心及新区对投资者吸引力不断增强,农村农民生活方式以及文明程度不断提高,城市化水平在不断提高。因此,根据研究结果,积极协调兰州市主城区内各辖区的发展规划,对于建设经济高质量发展城市具有重要意义。

3.5 本 章 小 结

本章基于 GF-2 融合影像和 Google Earth 高清影像,利用计算机自动解译和人机交互检验方法提取了兰州市主城区的彩钢板建筑信息,重点研究了彩钢板建筑空间分布特征以及彩钢板建筑与城市空间形态的关系两个方面的问题,主要研究结果如下。

（1）在主干道密集的地方以及黄河周边区域,大小型彩钢板建筑密度都较高。整体上小型彩钢板建筑分布更集中,大型彩钢板建筑较分散。大型彩钢板建筑主要集中在安宁区西部、七里河区中部、城关区东部以及安宁区、西固区、七里河区三区交界处。小型彩钢板建筑主要集中在安宁区、西固区、七里河区三区交界处以及城关区中部。

（2）大多数大型彩钢板建筑长短轴之比较大，延展方向性明显；小型彩钢板建筑群聚集，向心力明显；彩钢板建筑的分布重心主要在区与区的交界处，分布方向是东南一西北轴向，与黄河的流向大致相同，即其空间分布范围主要以黄河为轴线向黄河两侧延展。这种分布与兰州市河谷型城市地形密切相关，延展方向相对单一。

（3）各个街道的彩钢板建筑分布密度呈现正向空间自相关。空间自相关方式主要是高值与高值集聚，低值与低值集聚，低值集聚比高值集聚地区数量多、分布广。

（4）彩钢板建筑群与黄河的距离-密度函数呈现对数模型，以市中心为中心的彩钢板建筑群密度整体上随着与市中心的距离加大而呈下降趋势。

参 考 文 献

高丽雅. 2021. 兰州市彩钢板建筑群火灾风险分析及评价. 兰州: 兰州交通大学硕士学位论文.

李鹏元. 2017. 基于高分辨率遥感影像的城区彩钢棚提取与空间分布特征分析. 兰州: 兰州交通大学硕士学位论文.

马吉晶. 2019. 彩钢棚遥感提取及其时空分布规律研究——以兰州市安宁区为例. 兰州: 兰州交通大学硕士学位论文.

马吉晶, 杨树文, 贾鑫, 等. 2018. 兰州市安宁区彩钢棚时空变化. 测绘科学, 43(12): 34-37.

师满江. 2016. 1961—2015 年兰州市主城区土地利用与景观生态变化研究. 兰州: 兰州大学博士学位论文.

宋郃. 2021. 银川市彩钢板建筑与产业园区时空格局演变关系研究. 兰州: 兰州交通大学硕士学位论文.

王金梅. 2019. 兰州市彩钢板建筑与城市空间形态关系研究. 兰州: 兰州交通大学硕士学位论文.

王金梅, 杨维芳, 杨树文, 等. 2019. 兰州市安宁区彩钢板建筑空间分布特征研究. 兰州交通大学学报, 38(1): 110-114.

王振波, 梁龙武, 方创琳, 等. 2018. 京津冀特大城市群生态安全格局时空演变特征及其影响因素. 生态学报, 38(12): 4132-4144.

魏伟, 石培基, 脱敏雍, 等. 2012. 基于GIS的甘肃省道路网密度分布特征及空间依赖度分析. 地理科学, 32(11): 1297-1303.

Song H, Yang S, Gao L. 2021. Research on spatial and temporal pattern evolution of large color steel building in Yinchuan. IOP Conference Series: Earth and Environmental Science. IOP Publishing, 693(1): 012113.

Wang J M, Yang W F, Yang S W, et al. 2019. Research on spatial distribution characteristics of color steel buildings in Anning District of Lanzhou. Modern Environmental Science and Engineering, 5(7): 583-589.

Yang S W, Ma J J, Wang J M. 2018. Research on Spatial and Temporal Distribution of Color Steel Building Based on Multi-Source High-Resolution Satellite Imagery. Beijing: ISPRS-International Archives of the Photogrammetry, Remote Sensing and Spatial Information Sciences.

第 4 章

彩钢板建筑群与城市空间结构关系

4.1 引 言

城市建筑物塑造了城市的空间形态，反映了城市发展的空间特征、发展程度及其城市内部的不均衡性等问题。城市空间形态表征了城市各功能区地理位置、空间分布特征及其组合关系，其变化直接或间接地映射了城市环境改变、人口变迁及社会经济发展等问题。

彩钢板建筑作为城市化进程中的阶段性、临时性产物，广泛分布于城中村及城市周边地区，作为城市的一部分和城市空间形态的有机组成，其时空演变及聚集特征与城市发展息息相关，能够在一定程度上反映城市化建设发展水平，其与城市空间形态之间存在必然的联系(Yang et al.，2018)。彩钢板建筑得到广泛应用的同时，也带来了一系列城市问题。夏季阳光直射使得金属材质的建筑物表面温度高达 70～80 ℃，城市中大规模密集分布的彩钢板建筑成为新的"热源"，造成局地气温升高，加剧城市热岛效应（张乃心等，2022）。但是，其对热岛效应的影响程度如何，还没有相关研究涉及。

文献分析表明，目前还未发现有关彩钢板建筑群与城市空间形态关系及与城市热岛效应关系等方面的研究，但已有基于夜间灯光、绿地、道路等数据研究城市空间结构的先例（高岩等，2021；Kaifang et al.，2014）。因此，在已有的其他城市空间现象研究方法的基础上，通过彩钢板建筑这一新城市发展产物，可从另一个角度揭示当前城市空间结构的演变、影响因素等问题。

随着城市化进程加速，兰州市彩钢板建筑总量呈现先升高再降低的趋势，表征了城市多元结构具有明显的演变。由此，本章以兰州市为例，系统研究了彩钢板建筑群与其关键影响因子、城市空间结构的相关性及其对城市热岛效应的增幅等问题，尝试将彩钢板建筑群作为城市空间结构演变研究的量化客观数据或指标，作为城市研究的有效补充或新的途径。

4.2 彩钢板建筑与关键影响因子相关性

前文研究表明彩钢板建筑群时空分布及演变规律受到多方面影响，借鉴已有的研究经验，结合兰州市彩钢板建筑建设情况，选取人口密度、人均 GDP、人均住房建筑面积、房地产投资、工业企业单位数和工业经济效益综合指数这六项指标（马吉晶，2019），尝试探索其对彩钢板建筑群时空分布及其演变规律的影响。

4.2.1　关键影响因子选择

影响彩钢板建筑群空间分布及演变的因子有很多，各因子影响力也不同，关键因子对彩钢板起着主要的影响作用。因此，需要对解释力强的主要影响因子进行筛选，各因子数据来自《兰州统计年鉴》等资料，包括人口、金融及土地利用等类型数据。为方便统计研究，在筛选之前做无量纲标准化处理，利用信度及效度检验方法对因子的解释能力做出判断，通过共线性诊断剔除相似因子，以减少数据冗余。

1. 标准化处理

标准化处理是将数据按比例缩放，去除数据的单位限制，将其转化为无量纲的纯数值，便于能够对不同单位或量级的指标进行比较和加权。本书采用离差标准化方法对影响彩钢板建筑的因子进行标准化处理。

离差标准化即对原始数据进行线性变换，使结果落到 [0, 1] 区间。将彩钢板建筑关键影响因子进行离差标准化处理，得到的有关数据情况详见表 4.1。

表 4.1　彩钢板影响因子标准化数据

年份	人均 GDP	人口密度	房地产投资	人均住房建筑面积	工业企业单位数	工业经济效益综合指数
2005	0.28	0.06	1	0	0.0007	0.002
2008	0.18	0.02	1	0	0.0001	0.0003
2017	0.26	0.01	1	0.00008	0	0.0005

2. 信度及效度检验

参加测评的因子是否可靠及有效，在应用前需要进行考察，即进行因子的信度及效度检验。应用因子分析法能够很好地检测各因子在彩钢板问题中的可靠性和有效性。

因子分析法的目的是从众多变量中综合出少数几个代表性因子去描述许多指标或因素之间的联系，即以较少的几个因子反映尽可能多的信息。本节利用 SPSS 进行因子分析，通过 KMO 进行检验。其中，KMO 测度大于 0.5 意味着因子分析可以进行，而此值在 0.7 以上则是令人满意的值。对 6 类因子测评计算得到 2005 年、2008 年和 2017 年的 KMO 值分别为 0.523、0.704、0.639，均大于 0.5，表示以上六项指标适合进行因子分析。

3. 共线性诊断

共线性是指自变量之间存在线性关系或近似线性关系，其会隐蔽变量的显著性，增加参数估计的误差。共线性诊断就是找出哪些变量间存在共线关系，剔除重复和不必要的变量。本节利用 OLS 模型进行共线性诊断。OLS 模型将影响因变量的其他因素中的可观测部分，以自变量的形式包括在回归模型中，从而控制这些因素的影响。

利用 SPSS 软件的 OLS 回归方法对所有变量进行多重共线性诊断，通过方差膨胀因子（VIF）判断各变量是否共线。通常以 10 作为多重共线的标准，超过 10，说明有共线性，值越大共线性越强。计算得到 2005 年、2008 年和 2017 年各变量的 VIF 分别为 0.73、0.88、

0.85，均远小于 10，表明各变量之间不存在共线性，以上六项指标可作为解释变量。

进行标准化处理、信度及效度检验、共线性诊断分析后认为，根据人口密度、人均 GDP、人均住房建筑面积、房地产投资、工业企业单位数和工业经济效益综合指数这六项指标解释彩钢板建筑问题时具有较高的可靠性，各因子间相互独立，能以小的数据量反映部分彩钢板问题。

4.2.2　关键因子对彩钢板建筑群的影响

通过分析选择了影响彩钢板建筑群时空演变的六个关键因子，但各因子对彩钢板建筑群能产生何种影响，影响程度如何都没有经验可借鉴，需要进一步探讨。本节从因子决定力和决定方向两个角度，分析各关键因子对彩钢板建筑群时空演变的影响机理。

1. 因子决定力分析

地理探测器作为一种探测某种要素空间格局成因和机理的重要方法被逐渐应用到与社会、经济、自然等相关的地理学科研究中。彩钢板建筑群时空分布状况作为因变量，是多种自变量共同作用的结果，由此，本节利用地理探测器方法研究因子决定力。

地理探测器即探测地理现象空间分异性并揭示其背后驱动力的一组统计学方法，可用于影响因子的"决定力"强度分析。地理探测器 q 统计量，可用来度量空间分异性、探测解释因子、分析变量之间的交互关系。探测某因子 X 在多大程度上解释了属性 Y 的空间分异，用 q 值进行度量，q 值越大表示自变量 X 对属性 Y 的解释力越强。前文研究确定了六项因子可作为彩钢板建筑群空间分布的影响因子。各因子地理探测器分析结果如表 4.2 所示。

表 4.2　彩钢板影响因子地理探测器 q 值

年份	人均 GDP	人口密度	房地产投资	人均住房建筑面积	工业企业单位数	工业经济效益综合指数
2005	0.1288	0.1865	0.0637	0.0975	0.0321	0.0403
2008	0.1071	0.1629	0.0761	0.098	0.0328	0.0393
2017	0.1126	0.1781	0.0527	0.0951	0.0257	0.0355

进一步分析发现，三个时期各因子对彩钢板建筑群空间分布的决定作用均较为显著，但其解释作用存在差异且随时间有所变化，具体变化情况如图 4.1 所示。

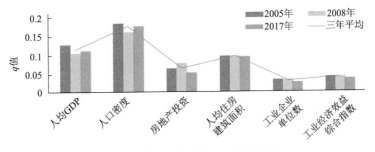

图 4.1　彩钢板影响因子 q 值统计图

2005 年、2008 年和 2017 年三年各影响因子的 q 值从大到小依次为人口密度、人均 GDP、人均住房建筑面积、房地产投资、工业经济效益综合指数、工业企业单位数。其中，人口密度、人均 GDP 的 q 值均高于 0.1，人均住房建筑面积小于但接近 0.1，是影响兰州市安宁区彩钢板建筑群空间分布格局较为重要的三项指标。其中，人口密度为最重要指标，解释作用强。房地产投资、工业经济效益综合指数、工业企业单位数的 q 值在 0.05 上下，对彩钢建筑群问题的解释力相对较低。对比三个时期的 q 值变化情况，人均 GDP、人口密度的解释作用随时间的变化先减弱后增强，减弱幅度大于增强幅度。人均住房建筑面积、房地产投资、工业企业单位数的影响力在 2008 年增强，但到 2017 年又有一定程度的下降并低于起初 2005 年的水平。工业经济效益综合指数的 q 值在三个时期内持续下降，并与同一时期其他因子相比，解释力为相对最弱水平。

上述统计和分析的结果仅是一些浅显的分析，深层次的问题还有待剖析，如解析发现房地产投资对彩钢板建筑的影响力有限，但根据观察，城中村中的彩钢板建筑反而与房地产开发有关。在待拆迁区，住户通过在房顶加装层数来获得更多的拆迁补偿，虽部分违法，但却是普遍现象。这部分问题如何量化分析，有待推敲。

2. 因子的决定方向

上述研究探讨了各因子对彩钢板建筑群的影响程度，但这种作用力的方向仍需进一步分析。多元回归分析可用于说明主要影响因子的方向性（段小薇和李小建，2018）。

多元线性回归是简单线性回归的推广，研究的是一个变量与多个变量之间的依赖关系（范小晶等，2019）。在以上研究的基础上，借助 SPSS 软件进行多元回归分析以探讨主要影响因子的作用力是正向还是负向，计算结果如表 4.3 所示。其中，贝塔系数用以衡量自变量与因变量的相关性，数值为正就是正相关，数值为负就是负相关，数字绝对值越大则相关性越强。t 统计值用以检验各自变量是否有显著作用，P 值是判断模型显著性的参数，一般以 $P < 0.05$ 为显著，$P < 0.01$ 为非常显著。

表 4.3　彩钢板建筑影响因子多元回归分析

年份	因子	贝塔系数	t 统计值	P 值
2005	人均 GDP	−0.12	−5.469	0.000***
	人口密度	0.209	8.766	0.000***
	房地产投资	−0.011	−0.646	0.519
	人均住房建筑面积	−0.063	−3.036	0.002**
	工业企业单位数	0.008	0.42	0.674
	工业经济效益综合指数	0.023	1.363	0.173
2008	人均 GDP	−0.11	−5.454	0.000***
	人口密度	0.261	11.896	0.000***
	房地产投资	−0.038	−2.304	0.021
	人均住房建筑面积	−0.067	−3.744	0.001**
	工业企业单位数	0.004	0.243	0.808

续表

年份	因子	贝塔系数	t 统计值	P 值
2008	工业经济效益综合指数	0.007	0.465	0.642
2017	人均 GDP	−0.064	−2.771	0.006***
	人口密度	0.151	5.903	0.000***
	房地产投资	−0.027	−1.222	0.222
	人均住房建筑面积	−0.046	2.434	0.015**
	工业企业单位数	0.012	0.695	0.487
	工业经济效益综合指数	0.017	0.912	0.362

和*分别表示在 5%和 1%置信水平上显著。

研究分别统计了 2005 年、2008 年和 2017 年影响彩钢板六大因子的贝塔系数、t 统计值及 P 值，并计算各年份模型拟合优度 R^2 分别为 0.53、0.61、0.36。其中，2017 年的拟合程度较差，以表中数据为依据绘制相关指数分布图，结果如图 4.2 所示。

分析后发现彩钢板建筑群规模主要受人均 GDP、人均住房建筑面积、房地产投资的负向影响，受人口密度、工业经济效益综合指数、工业企业单位数的正向影响。其中，人均 GDP 的负向影响相对较大，人口密度的正向影响尤为显著，但随时间变化逐渐减弱。此外，房地产投资、工业经济效益综合指数、工业企业单位数对彩钢板的影响均不显著。

结合其他数据进一步分析，2005 年彩钢板建筑群时空分布和发展主要受到人均 GDP、人均住房建筑面积的负向影响，即人均 GDP 越高彩钢板建筑群规模越小，人均住房建筑面积越大彩钢板建筑群规模越小；受到人口密度的正向影响，即人口越密集彩钢板建筑群规模越大。其中，人均 GDP、人均住房建筑面积在 1%水平下显著，人均住房建筑面积在 5%水平下显著。2008 年与 2017 年其也主要受到人均 GDP、人均住房建筑面积的负向影响，受到人口密度的正向影响，人均 GDP、人均住房建筑面积在 1%水平下显著，人均住房建筑面积在 5%水平下显著。

此外，2017 年兰州市开始创建文明城市，为整顿市容，对一些临建彩钢板建筑进行大规模拆除，这是政策原因的影响因素，没有在研究中进行分析。

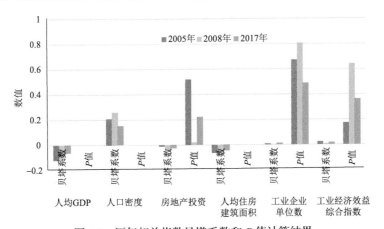

图 4.2　历年相关指数贝塔系数和 P 值计算结果

4.3 彩钢板建筑群与城市典型要素时空分布关系

彩钢板建筑群广泛分布在城中村、城乡接合部、城市边缘及产业园区等城市地区中，具有明显的时空演变和聚集特征。卫星影像、实地调研和辅助数据等分析均表明其在很多方面与城市空间结构（包括城市空间形态、经济结构、社会结构等）密切相关。为此，本节从城市空间形态入手进行分析，以探索彩钢板建筑群与城市空间结构之间的各种关系。

城市空间形态包括城市地域内个体城市要素（如建筑物、社会群体、土地利用、经济活动等）的空间状况和布局。彩钢板建筑群与城市社会、经济要素间存在相关性，对其进行量化研究能提供一种新的社会、经济估算数据。研究不同规模的彩钢板建筑群与城市不同功能用地在数量上、空间分布上的关系，能从侧面揭示其对城市空间形态的衍射作用。据此，本节重点从道路、工厂、企业、居民小区、学校四个方面研究彩钢板建筑群与其空间分布量化的关系（王金梅，2019）。

4.3.1 彩钢板建筑与道路

城市建筑群与城市道路之间存在较强关联性（魏伟等，2012），前文研究也发现在主干道附近大小型彩钢板建筑物的密度都比较高。本节对整体彩钢板建筑与城市道路（包括主干路、次干路和农村道路）之间的关系进行了定量研究。

1. 彩钢板建筑密度

彩钢板建筑密度计算是用彩钢板建筑物总面积除以土地面积（单位：m^2/m^2）。将彩钢板建筑与研究区街道做叠置，按街道统计彩钢板建筑总面积，将统计结果与街道做表链接，计算各街道彩钢板建筑密度，结果如表4.4所示。

为更直观地表达不同区域在彩钢板建筑密度上的地域和空间分布的差异性，本节对计算出的彩钢板建筑密度采用反距离加权法（IDW）进行插值，得到研究区彩钢板建筑密度分布图（图4.3）。进一步分析该图可发现，安宁区、七里河区、西固区三区交界处以及城关区东部的彩钢板建筑密度较高。

表 4.4　各街道面积、彩钢板建筑总面积统计结果

街道或地区名称	街道面积/m^2	彩钢板建筑总面积/m^2	彩钢板建筑密度/（m^2/m^2）	街道或地区名称	街道面积/m^2	彩钢板建筑总面积/m^2	彩钢板建筑密度/（m^2/m^2）
西柳沟	7396187.5	284495.1	0.039	盐场路	35735958.4	367947.3	0.010
柳泉镇	17089737.4	104663.9	0.006	伏龙坪	20743228.2	58920.4	0.003
陈坪	24058728.7	833080.4	0.035	拱星墩	7499452.7	35709.1	0.005
四季青	554426.5	7323.8	0.013	火车站	3136936.1	81238.2	0.026
四季青	1850881.7	84692.7	0.046	焦家湾	3430159.6	275982.4	0.081
东川镇	32565102.4	63893.6	0.002	铁路东村	765040.2	11469.1	0.015
新城镇	50986780.6	139570.6	0.003	团结新村	1332124.7	27978.9	0.021

续表

街道或地区名称	街道面积/m²	彩钢板建筑总面积/m²	彩钢板建筑密度/（m²/m²）	街道或地区名称	街道面积/m²	彩钢板建筑总面积/m²	彩钢板建筑密度/（m²/m²）
西柳沟	38765006.6	47460.4	0.001	铁路西村	828633.3	17882.4	0.022
达川镇	20185191.1	68524.6	0.003	东岗西路	1637125.0	16485.3	0.010
河口镇	94648360.8	132698.1	0.001	嘉峪关路	2431091.5	92626.9	0.038
金沟乡	36328831.8	29878.1	0.001	广武门	1636731.6	18026.9	0.011
四季青	16345347.1	12713.2	0.001	临夏路	1094785.9	21898.3	0.020
先锋路	1727318.3	87859.9	0.051	张掖路	1209551.9	19097.9	0.016
福利路	1749336.7	36693.8	0.021	盐场路	362433.4	1312.6	0.004
临洮街	6933127.3	112532.7	0.016	拱星墩	2679611.8	122469.6	0.046
西固城	4367746.1	126091.8	0.029	五泉	3266551.6	22583.5	0.007
四季青	3001793.4	151592.3	0.051	东岗	8142135.9	425403.9	0.052
西湖	3055329.5	47509.9	0.016	皋兰路	1164036.9	25734.7	0.022
敦煌路	2151689.8	50287.3	0.023	广武门	1696031.6	4984.9	0.003
土门墩	3364794.2	165666.4	0.049	草场街	3892783.8	70045.2	0.018
阿干镇	83525545.5	302.1	0.000	酒泉路	861953.0	12483.9	0.015
黄峪镇	72390961.5	80810.3	0.001	白银路	1185791.4	16199.9	0.014
秀川	608524.3	58772.9	0.097	渭源路	2047059.2	34153.2	0.017
敦煌路	278423.9	5869.8	0.021	伏龙坪	1154772.5	7508.3	0.007
建兰路	2230930.1	50319.9	0.023	盐场路	14713.4	0.1	0.000
魏岭乡	64854791.0	36530.9	0.001	盐场路	62342.1	0.1	0.000
西果园镇	89417807.4	490095.9	0.006	高新区	2209240.0	119628.9	0.054
秀川	14764289.8	467263.5	0.032	靖远路	13827800.8	177933.5	0.013
八里镇	26487505.08	176346.2	0.007	银滩路	1984153.6	3962.4	0.002
晏家坪	1736831.5	73443.3	0.042	刘家堡	1817933.3	3220.9	0.002
龚家湾	1878984.5	59496.5	0.032	西路	7821565.1	193125.9	0.025
西园	3585489.1	52365.8	0.015	安宁堡	13112772.1	975548.2	0.074
彭家坪镇	21256963.1	467060.6	0.022	沙井驿	27830003.9	603539.1	0.022
西站	2926711.7	78168.7	0.027	孔家崖	2147090.7	129600.2	0.060
雁南	3385597.2	143559.1	0.042	银滩路	3730296.2	166583.2	0.045
盐场路	157307.3	361.1	0.002	培黎	3301327.4	51144.0	0.016
雁北	10024703.5	527084.4	0.053	刘家堡	2832959.5	120068.7	0.042
盐场路	5603485.7	10902.1	0.002	十里店	17378252.4	166869.3	0.010
青白石	64674850.2	769276.3	0.012				

注：表中个别数据因数据修约存在误差

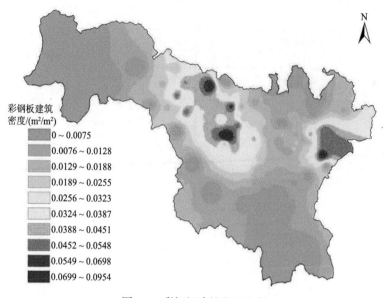

图 4.3　彩钢板建筑密度分布

2. 道路网密度

据不完全统计，兰州市主城区现状道路网（包括主干路、次干路和农村道路）如图 4.4 所示。计算道路网密度时忽略了道路等级与车道数的差异，而是直接将各种道路的总里程除以土地面积（单位：km/km²）。同时，将道路网与研究区街道做叠置处理，并按街道统计道路密度，将统计结果与街道区做表链接处理，最终计算获得各街道道路网密度。

图 4.4　道路网空间分布现状示意图

为直观地表达不同区域在道路密度上的地域和空间分布的差异性，本节对计算出的道路网密度采用反距离加权法（IDW）进行插值，得到研究区域道路网密度分布图（图 4.5）。分析后发现，城关区西部、安宁区和七里河区两区交界处以及西固区与安宁区交界处的四季青街道道路网密度最高。此外，城关区道路网密度高值分布范围最大，道路网密度以这三个高值点向四周逐渐降低。

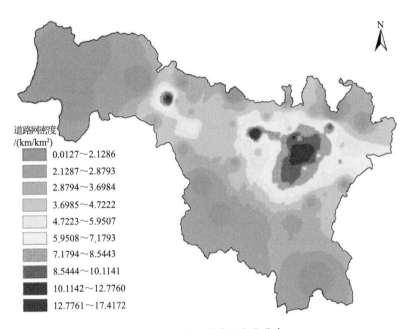

道路网密度
/(km/km²)

- 0.0127~2.1286
- 2.1287~2.8793
- 2.8794~3.6984
- 3.6985~4.7222
- 4.7223~5.9507
- 5.9508~7.1793
- 7.1794~8.5443
- 8.5444~10.1141
- 10.1142~12.7760
- 12.7761~17.4172

图 4.5　研究区道路网密度分布

为进一步掌握研究区详细道路密集情况，本节对道路网密度分布进行重分类，再对照街道矢量边界分析可以得到，密度最高处分别是西固区的四季青街道、七里河区的敦煌路街道以及城关区的临夏路、广武门、张掖路、伏龙坪、白银路、酒泉路街道。这些街道都临近黄河，四季青街道是西固区政府所在地，敦煌路街道有省、市、区属单位 68 个，临夏路街道有兰州市的商贸中心西关什字，其他街道均是城关区的中心地带，因此道路网密度高的区域大多为政治经济中心。

3. 彩钢板建筑密度与道路网密度关系表达

彩钢板建筑密度与道路网密度之间的关系研究分为两步。第一步，在研究区内随机生成若干点，共有 750 个随机点（图 4.6），点与点间的距离不小于 500 m。提取两个密度图对应点的像元值，对道路网密度和彩钢板建筑密度做散点图，并观察点的空间分布情况。

图例

· 随机点

图 4.6　研究区内生成的随机点分布结果示意图

第二步,用SPSS软件对道路网密度和彩钢板建筑密度做回归分析(赵国梁等,2015)。从模型统计和参数评估（表 4.5）中可发现，二次曲线模型和三次曲线模型的 R^2 值分别为 0.412 和 0.418,说明两个回归模型的拟合程度都较好。这两个模型的 F 统计量的显著性都等于 0.000,远远小于 0.01,说明两个模型都显著；F 值分别为 261.993 和 178.537,说明二次曲线模型的显著性较好。从表 4.5 中可以得到二次曲线模型的参数 b_1=0.015,b_2=−0.001,常数项为−0.018。因此，道路网密度与彩钢板建筑密度的回归方程为

$$y = -0.001x^2 + 0.015x - 0.018 \qquad (4.1)$$

式中，y 为彩钢板建筑密度（km^2/km^2）；x 为道路网密度（km/km^2）。

表 4.5　模型统计及参数评估

方程式	模型摘要						参数评估		
	R^2	F	df_1	df_2	显著性	常数	b_1	b_2	b_3
线性	0.176	160.125	1	748	0.000	0.006	0.003		
对数	0.272	279.139	1	748	0.000	0.000	0.014		
二次曲线模型	0.412	261.993	2	747	0.000	−0.018	0.015	−0.001	
三次曲线模型	0.418	178.537	3	746	0.000	−0.025	0.020	−0.002	6.078×10^{-5}
指数模式	0.258	259.828	1	748	0.000	0.005	0.222		
Logistic 分配	0.258	259.828	1	748	0.000	194.383	0.801		

为进一步探索道路网密度与彩钢板建筑密度的关系，本节利用二次曲线模型计算了道路网密度与彩钢板建筑密度关联性发生转变的节点位置。经计算得到转折点 X_0 为 7.5 km/km^2,结合曲线拟合结果（图 4.7），彩钢板建筑密度随道路网密度增大的发展趋势可总结为以下内容。

（1）道路网密度小于 7.5 km/km² 时，随着道路网密度的增大，彩钢板建筑密度也增大。主要原因是道路网的建立带动了周边地区的发展，而临时性彩钢板建筑成本低廉，建设速度快，正好适应了发展需要，彩钢板建筑密度就变大。

（2）道路网密度超过 7.5 km/km² 时，彩钢板建筑密度开始减小，主要原因是道路网发达，城市用地开始紧张，临时性彩钢板建筑就需要加以整治拆除，完善城市用地结构。

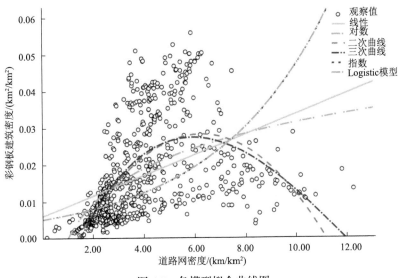

图 4.7　各模型拟合曲线图

4.3.2　小型彩钢板建筑与居民小区

经实地调查和卫星影像观测发现，在部分城中村中小型彩钢板建筑密集分布（图 4.8），其多为临时居住房屋（多位于固定建筑的屋顶）、小商铺、小修理店及储存间等。在这些地块为什么存在大量的小型彩钢板建筑？这种现象表征了什么问题？为此，本节尝试分析小型彩钢板建筑群与居民小区之间的关系。

图 4.8　居民小区附近小型彩钢板建筑的分布

小型彩钢板建筑与居民小区的空间叠置分布如图 4.9 所示。截至 2017 年，据不完全统计，研究区内共有居民小区 1030 个，其中安宁区有 97 个，城关区有 665 个，西固区有 110 个，七里河区有 158 个。研究区内共约有小型彩钢板建筑 29700 个，其中安宁区有 6063 个，城关区有 12533 个，西固区有 4914 个，七里河区有 6190 个。从区域数量上来看，整体上居民小区数量越多，小型彩钢板建筑数量也越多。

图 4.9　小型彩钢板建筑与居民小区的分布示意图

　　为进一步研究小型彩钢板建筑与居民小区的距离关系，本节采用邻域分析计算了每个小于 500 m² 的小型彩钢板建筑与与其最接近的居民小区的最短距离。以 100 m 为间隔统计了各个距离段内小型彩钢板建筑的数量，并计算了其占小型彩钢板建筑总量的比重。计算结果表明 2000 m 范围内的小型彩钢板建筑数量占总数量的 91.31%，因此大于 2000 m 的小型彩钢板建筑暂不予统计，据此绘制的统计图如图 4.10 所示。

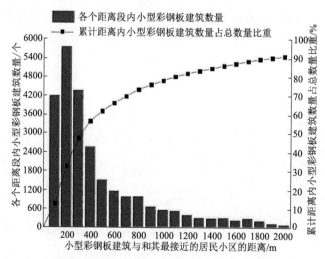

图 4.10　小型彩钢板建筑与和其最接近的居民小区的距离数量关系

进一步分析图 4.10 可发现：

（1）柱状图统计结果表明，与最近的居民点距离 100～200 m 的小型彩钢板建筑数量最多，共有 5777 个，占总数量的 19.45%。相距 0~100 m 和 200~300 m 的小型彩钢板建筑也较多，而距离在 500 m 以外的小型彩钢板建筑数量随距离增大逐渐减少。

（2）折线图分析结果表明，400 m 范围内的彩钢板建筑数量超过了总数量的一半，达到总数量的 57.26%；1000 m 范围内的彩钢板建筑数量已经接近总数量的 80%。这说明绝大多数小型彩钢板建筑分布在距离其最近的居民小区的 1km 范围内。

（3）从实际空间位置看，400m 范围实际还在城中村范围内，即超过一半的彩钢板建筑属于城中村的建筑，其他部分均分布在城中村周边，是城中村建筑的延伸。

综上所述，小型彩钢板建筑群的空间分布与居民小区存在较为密切的关系。彩钢板建筑具有临时性，且具有较高的安全隐患，但为什么会出现这种现象？通过进一步调研发现，城中村居民小区及周边一定范围内分布着大量的第三产业，如酒店、餐饮、服装、理发店及休闲娱乐等店铺，这些产业会吸引大量外地服务人员。在固定建筑上加盖彩钢板建筑具有成本低、速度快等特征，因此租金也较低。由此，城中村等居民小区中滋生了很多彩钢板建筑。此外，彩钢板建筑密集的小区多为待拆迁小区，即房地产开发也是促进这类建筑物建设的动力之一。

进一步对比小型彩钢板建筑群与居民小区两者的关系，发现小型彩钢板建筑与距离其最近居民小区的距离主要集中在 300 m 内，这说明居民小区对临时性小型彩钢板建筑产生具有更大的影响力。而绝大多数小型彩钢板建筑分布在距离其最近的居民小区的 1000 m 范围内，表明该范围内人口的流动性较强，但活动范围有限。

4.3.3　小型彩钢板建筑与学校

在进行彩钢板建筑群时空分布特征及规律研究时，经实地调查和卫星影像观测发现，学校的附近有许多小型彩钢板建筑集聚分布，如图 4.11 所示。该现象表明二者之间可能存在某些联系，为此，本节尝试分析二者之间的关联性。

图 4.11　学校附近小型彩钢板建筑的空间分布

1. 小型彩钢板建筑与学校距离统计分析

以兰州市 2017 年彩钢板建筑群空间分布为例，研究了小型彩钢板建筑与学校距离分布关系。将研究区小型彩钢板建筑群与学校进行叠加显示，二者的空间分布情况如图 4.12 所示。据不完全统计，研究区域内共有学校 483 个，学校类型包括幼儿园、小学、中学、职业学校和大学。其中安宁区有 52 个，城关区有 187 个，西固区有 93 个，七里河区有 151 个。研究区共有小型彩钢板建筑 29700 个，其中安宁区有 6063 个，城关区有 12533 个，西固区有 4914 个，七里河区有 6190 个。单从区域数量上来看，整体上学校数量越多，小型彩钢板建筑数量也越多。

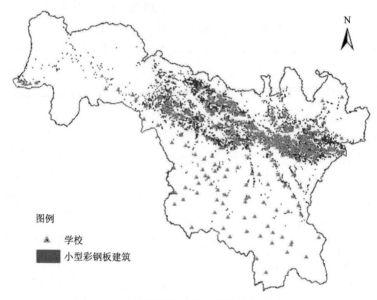

图 4.12　小型彩钢板建筑与学校的分布示意图

为进一步研究小型彩钢板建筑与学校距离的关系，本节采用邻域分析计算了每个小于 500 m² 的小型彩钢板建筑与距离其最近的学校的最短距离。以 100 m 为间隔统计了各个距离段内小型彩钢板建筑的数量，并计算了其占小型彩钢板建筑总数的比重，计算结果表明 2000 m 范围内的小型彩钢板建筑数量占总数量的 98.58%，因此距离大于 2000 m 的小型彩钢板建筑暂不予统计，据此绘制的统计结果图见图 4.13。

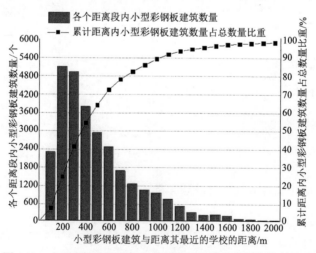

图 4.13　小型彩钢板建筑与距离其最近的学校的距离数量关系

对图 4.13 中柱状图分析发现，与最近的学校相距 100～300 m 的小型彩钢板建筑数量最多，共有 10043 个，占总数量的 33.81%。相距 300～400 m 和 400～500 m 的小型彩钢板建筑也较多，两者距离在 500 m 以外的小型彩钢板建筑数量随距离的增大逐渐减少。由折线图可以看出，400 m 范围内的彩钢板建筑数量超过了总数量的一半，达到总数量的 54.29%，800 m 范围内的彩钢板建筑数量已经接近总数量的 80%，这说明绝大多数小型彩钢板建筑分布在距离其最近的学校的 800 m 范围内。

2. 小型彩钢板建筑群与学校时空演变关系分析

为研究小型彩钢板建筑群与学校的时空演变关系，本节选取兰州市 2008 年、2014 年和 2017 年的市区小型彩钢板建筑数据，通过核密度方法分析得到其时空分布和聚集特征。通过叠加同期学校的空间位置信息，得到研究区内不同年份小型彩钢板建筑与学校的空间位置关系，具体如图 4.14 所示。

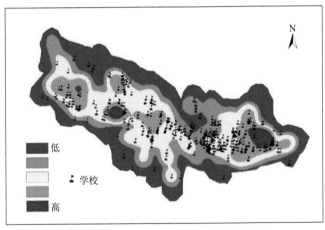

(a)2008年

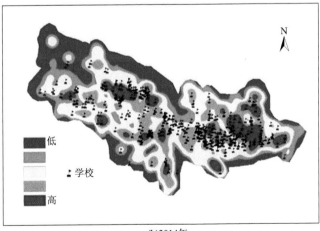

(b)2014年

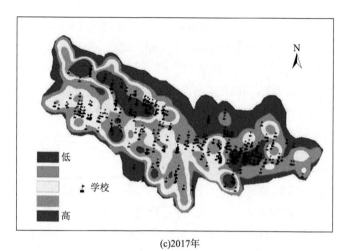

(c)2017年

图 4.14   小型彩钢板建筑与学校的空间位置关系

进一步分析发现，2008 年，兰州市小型彩钢板建筑主要分布在城关区和西固区；2014 年，其在城关区、安宁区、西固区和七里河区均广泛分布；2017 年靠近城市中心的城关区彩钢板建筑群数量明显减少，而安宁区彩钢板建筑群出现了新的聚集区。

3. 小型彩钢板建筑群周边学校类型分析

为研究不同类型学校与小型彩钢板建筑群之间是否存在关系，本节根据目标群体和年龄段的不同市场需求，将学校分为小学、中学、大学、职业技术学校四类，并分别统计各校区 600 m 缓冲区范围内小型彩钢板建筑数量。具体统计结果如图 4.15 所示。

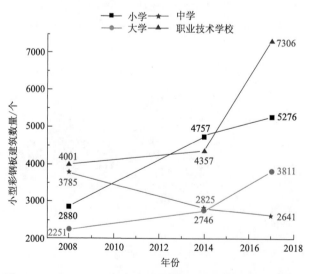

图 4.15   2008～2017 年各类型学校周边小型彩钢板建筑数量

根据统计发现近 10 年来，职业技术学校、小学及大学周边彩钢板建筑群数量增多趋势明显，其中职业技术学校周边的彩钢板建筑数量在 2008~2017 年增幅最大，约为 3305 个，占原来总数的 67%。相反，中学周边小型彩钢板建筑数量逐年递减趋势明显，减少了约 1144 个，占原来总数的 30%。

为什么会出现这种现象？经调研及分析发现，可能的原因在于：

（1）职业技术学校学生外来人口居多，年龄多在 15~18 岁，社会活动力强，对当地经济发展的拉动作用最大。此外，职业技术学校多位于城市边缘地带，彩钢板建筑越多表明城市管理制约性越弱。

（2）小学选址相对分散，城市市区对小学教育的吸引力较弱，市区周边管理制约性弱。

（3）大学学生多为外来人口，社会活动力较强，但多分布于城市中心地带，彩钢板建筑群改造力度较大，增加幅度较慢。

（4）中学多为寄宿制，其学生经济能力、社会活动能力最弱，且市区对中学教育吸引能力较强，选址较为集中，彩钢板建筑违章建设随着城市治理加强不断减少。

综上所述，为什么在学校周边也会出现大规模的小型彩钢板建筑？社会调研发现，学校聚集地区及周边外来人口众多，导致校区周围城中村商业化需求激增，从而诱发了小型彩钢板建筑群大量出现，为当地居民提供了新的收入方式，加速了"乡村—城市"的转变。对比小型彩钢板建筑与学校两者的关系，发现小型彩钢板建筑与离其最近的学校的距离主要集中在 100~400 m，多在临近的城中村中，表明学校的影响范围有限及学生活动的半径相对较小。

4.3.4 大型彩钢板建筑群与工厂、企业

前文研究表明，在兰州市的工厂、企业（以工业产业园区为主）分布区域存在大量的大型彩钢板建筑，其密集分布（图 4.16）。为了研究这种现象表征的问题，本节以兰州市为例，重点研究分析了彩钢板建筑群与工厂、企业空间分布等的时空关联关系。

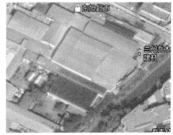

图 4.16 工厂、企业附近大型彩钢板建筑的空间分布

1. 空间分布关系

对大型彩钢板建筑群与工厂、企业叠加后的空间分布结果如图 4.17 所示。图斑统计分析表明，研究区域内共有工厂、企业 465 个，其中安宁区有 55 个，城关区有 7 个，西固区有 59 个，七里河区有 344 个。有大型彩钢板建筑 4769 个，其中安宁区有 915 个，

城关区有 1395 个，西固区有 1107 个，七里河区有 1354 个。从空间位置看，二者具有较高的空间重合性。

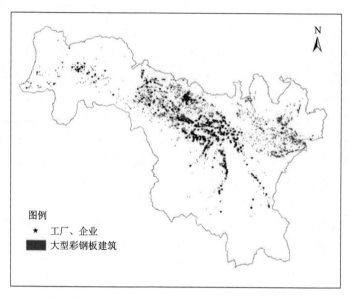

图 4.17 大型彩钢板建筑与工厂、企业的分布示意图

根据实地调查和分析发现，大型彩钢板建筑（面积≥500 m²）大多用于工厂、企业的厂房、仓库等的建设。进一步统计发现在街道里各种工厂、企业数量多，因此在街道内大型彩钢板建筑总面积也大。本节分别统计各个街道的大型彩钢板建筑总面积以及工厂、企业等数量，结果如表 4.6 所示。

表 4.6 各街道大型彩钢板建筑总面积以及工厂、企业数量统计

街道或地区名称	大型彩钢板建筑总面积/m²	工厂、企业数量/个	街道或地区名称	大型彩钢板建筑总面积/m²	工厂、企业数量/个
西柳沟	220201.6	9	盐场路	259797.1	1
柳泉镇	50623.7	1	伏龙坪	5556.3	0
陈坪	552185.6	12	拱星墩	29884.8	0
四季青	5844.2	1	火车站	43163.5	0
四季青	74684.2	1	焦家湾	207984.7	0
东川镇	34599.4	4	铁路东村	1566.3	0
新城镇	122310.3	15	团结新村	5646.7	0
西柳沟	34291.3	2	铁路西村	4714.4	0
达川镇	45014.0	2	东岗西路	3463.1	0
河口镇	103400.4	1	嘉峪关路	41310.7	1
金沟乡	6360.9	0	广武门	3606.1	0

街道或地区名称	大型彩钢板建筑总面积/m²	工厂、企业数量/个	街道或地区名称	大型彩钢板建筑总面积/m²	工厂、企业数量/个
四季青	537.5	0	临夏路	1810.5	0
先锋路	71437.0	1	张掖路	11143.3	0
福利路	19801.4	1	盐场路	0.1	0
临洮街	71807.0	2	拱星墩	60435.0	0
西固城	95465.3	3	五泉	4537.0	0
四季青	83603.2	4	东岗	313175.4	1
西湖	22349.7	13	皋兰路	10571.3	0
敦煌路	33648.6	12	广武门	1895.8	0
土门墩	125644.5	30	草场街	41581.3	0
阿干镇	0.1	4	酒泉路	1880.4	0
黄峪镇	49299.7	3	白银路	1193.1	0
秀川	44659.8	7	渭源路	14282.2	0
敦煌路	4522.8	1	伏龙坪	3169.8	0
建兰路	30839.3	16	盐场路	0.1	0
魏岭乡	12983.7	8	盐场路	0.1	0
西果园镇	408311.6	37	高新区	40567.1	0
秀川	1024243.5	63	靖远路	114481.8	0
八里镇	96521.5	30	银滩路	3336.3	0
晏家坪	42856.1	10	刘家堡	3200.4	0
龚家湾	35359.2	13	西路	108569.5	7
西园	17109.1	17	安宁堡	663121.2	25
彭家坪镇	327466.6	59	沙井驿	458209.1	13
西站	44436.1	21	孔家崖	37236.9	0
雁南	67955.2	1	银滩路	46593.4	0
盐场路	0.1	0	培黎	23010.4	2
雁北	338043.8	2	刘家堡	28440.2	2
盐场路	2479.8	0	十里店	68862.0	6
青白石	626735.1	1			

针对统计结果利用 SPSS 软件分析了各街道内大型彩钢板建筑面积与工厂、企业数

量之间的相关系数为 0.619，为中度正相关，表明二者之间存在较为明显的关联。为进一步研究二者之间的量化关系，采用线性回归方法进行分析，回归分析结果如表 4.7 所示。

表 **4.7**　回归分析结果

模型	非标准化系数		标准化系数 Beta	t	显著性
	B	标准错误			
常数	42995.294	18108.936		2.374	0.020
工厂、企业数量/个	9258.048	1356.086	0.619	6.827	0.000

表 4.7 中，显著性水平<0.05，即线性模型在 0.05 的水平上通过了 *t* 检验。因此，得到各街道内大型彩钢板建筑面积与各街道工厂、企业数量的一元线性回归方程为

$$y = 9258.048x + 42995.294 \tag{4.2}$$

式中，*y* 为各街道内大型彩钢板建筑总面积（m²）；*x* 为各街道工厂、企业数量（个）。

运用以上模型，可根据已知的彩钢板建筑信息来估算各街道未统计的工厂、企业的数量。

2. 时空演变关系

为分析研究区内大型彩钢板建筑群与工厂、企业的时空演变关系，本节基于兰州市2008 年、2014 年和 2017 年主城区的大型彩钢板建筑数据，通过核密度处理得到彩钢板建筑群的时空分布和聚集特征，并与同时期工厂、企业等的空间位置信息做叠置分析，初步得到了研究区大型彩钢板建筑群与工厂、企业时空演变关系（图 4.18）。

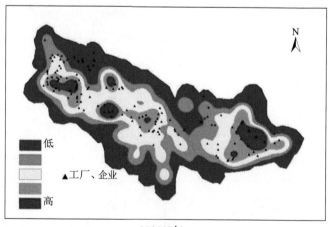

(a)2008年

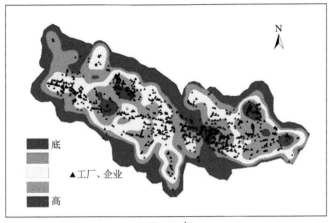

(b)2014年

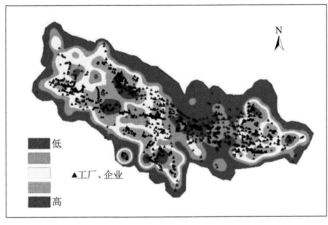

(c)2017年

图 4.18 大型彩钢板建筑与工厂、企业的时空位置关系

由图 4.18 分析发现，2008～2017 年大型彩钢板建筑群在安宁区、西固区、七里河区以及城关区东部的聚集性明显，且分布范围逐渐扩大。实地调研证实，大型彩钢板建筑高度密集区与工厂、企业聚集性具有明显的时间、空间吻合性。二者之间具体的关联关系将在后文中单独详细阐述。

3. 大型彩钢板建筑群对城市发展的推进作用

研究已表明在工厂、企业内部及周边分布着大量的彩钢板建筑，为进一步量化分析，本节统计了各年份企业一定范围内大型彩钢板建筑的数量和面积（图 4.19），结果表明70%的大型彩钢板建筑均分布于工厂、企业 600 m 内的缓冲区范围内。

图 4.19 中，红色折线为大型彩钢板建筑面积统计结果，蓝色折线为其数量统计结果。分析发现，2008～2017 年工厂、企业 600 m 范围内大型彩钢板建筑数量增加了约 3 倍，面积增加了约 2.6 倍。由此带动了彩钢板建材相关的公司、产业的规模和数量不断扩大。同时，彩钢板建筑的低成本、施工周期短等也促进了相关工厂、企业的发展。

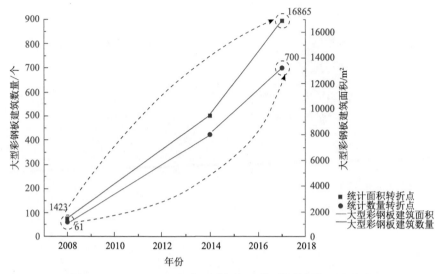

图 4.19　2008～2017 年大型彩钢板建筑群的数量和面积变化

　　进一步叠加比较 2017 年大型彩钢板建筑密度与其矢量数据（图 4.20），可以发现大型彩钢板建筑的数量和面积具有较高的重合度，其中高度重合区为 26 个，占 83 个总产业园区数量的 31.3%。相关工厂、企业聚集的产业园区统计结果详见表 4.8。

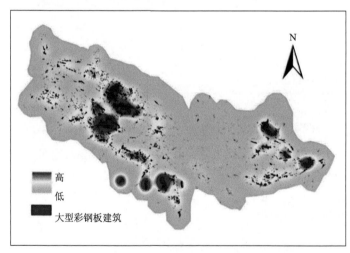

图 4.20　大型彩钢板建筑空间分布、核密度分析结果

表 4.8　兰州市工厂、企业聚集产业园信息

序号	园区名称	所属区位	大约面积/亩	工厂、企业数量/个
1	兰州经济技术开发区交大科技创新创业园	安宁区	419	67
2	兰州交通大学国家大学科技园	安宁区	42	156
3	北海子文化产业园	西固区	321	13
4	北海子文化产业园	西固区	—	9

续表

序号	园区名称	所属区位	大约面积/亩	工厂、企业数量/个
5	天奇物流园	七里河区	159	228
6	创智国际	七里河区	56	12
7	兰州彭家坪产业园	七里河区	46	20
8	润康科技园	七里河区	—	—
9	东川物流园	七里河区		
10	兰州理工大学国家大学科技园	七里河区	—	—
11	韩家河工业园区	七里河区		25
12	省级农业科技园区	七里河区	—	40
13	崔家崖非公有制经济工业园区	七里河区	—	—
14	兰北兴隆工业园	城关区	200	13
15	兰州高新技术创新园	城关区	55	834
16	兰州科技创业园	城关区	36	198
17	甘肃交通科技产业园	城关区	23	1
18	大学科技园	城关区	21	130
19	兰州交通科技产业园	城关区	20	1
20	新捷达物流园	城关区	14	3
21	天立物流园	城关区	—	—
22	兰州农副业基地	城关区		6
23	甘肃得力帮科技企业孵化器有限公司	城关区		55
24	碱水沟工业区	城关区		1
25	兰州高新技术产业开发区创业服务中心	城关区		99
26	兰州科技大市场	城关区	—	170

注：1 亩 ≈ 666.67m²。

　　通过调研发现，表 4.8 列出的产业园区中，以彩钢板为建材的产业园区面积占比达 48.5%，工厂、企业数量占比约为 40.7%。其中，安宁区兰州经济技术开发区交大科技创新创业园占地面积最大，达 419 亩，城关区兰州高新技术创新园工厂、企业数量最多，达 834 家。

　　为进一步研究大型彩钢板建筑群对兰州市产业发展的价值，本节分别统计了安宁区兰州经济技术开发区交大科技创新创业园、城关区兰州高新技术创新园等相关数据。由于没有调查出少数工厂、企业的行业类别，因此统计的工厂、企业数量会略少于实际查询出的工厂、企业总数。

　　以兰州经济技术开发区交大科技创新创业园为例，据不完全统计的结果为（图 4.21）：

（1）按注册年份统计［图 4.21（a）］，2015～2018 年注册成立的企业约占 65.63%，与彩钢板建筑大量出现的时期相吻合。

（2）按工厂、企业注册资本统计［图 4.21（b）］，注册资本在 100 万以上的工厂、企业约占 86.6%，其中 500 万以上的工厂、企业占 44.8%。

（3）按工厂、企业行业类型统计［图 4.21（c）］，其中所占比重最大的是租赁和商务服务业，其次是信息传输软件和信息技术服务业以及制造业等。

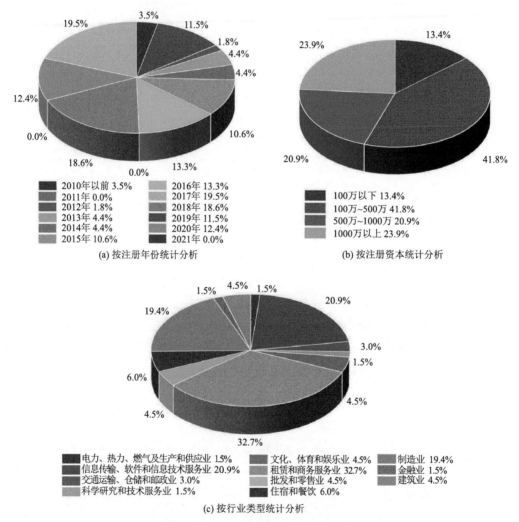

(a) 按注册年份统计分析

2010年以前 3.5%	2016年 13.3%
2011年 0.0%	2017年 19.5%
2012年 1.8%	2018年 18.6%
2013年 4.4%	2019年 11.5%
2014年 4.4%	2020年 12.4%
2015年 10.6%	2021年 0.0%

(b) 按注册资本统计分析

| 100万以下 13.4% |
| 100万~500万 41.8% |
| 500万~1000万 20.9% |
| 1000万以上 23.9% |

(c) 按行业类型统计分析

电力、热力、燃气及生产和供应业 1.5% 文化、体育和娱乐业 4.5% 制造业 19.4%
信息传输、软件和信息技术服务业 20.9% 租赁和商务服务业 32.7% 金融业 1.5%
交通运输、仓储和邮政业 3.0% 批发和零售业 4.5% 建筑业 4.5%
科学研究和技术服务业 1.5% 住宿和餐饮 6.0%

图 4.21　兰州经济技术开发区交大科技创新创业园分析数据

以兰州高新技术创新园为例，据不完全统计的结果为（图 4.22）：

（1）按工厂、企业注册年份统计［图 4.22（a）］，2016 年、2017 两年内注册成立的企业约占 26.3%，与彩钢板建筑大量出现的时期相吻合。

（2）按工厂、企业注册资本统计［图 4.22（b）］，企业注册资本在 100 万以上的约占 81.2%。

（3）按工厂、企业行业类型统计［图 4.22（c）］，所占比重较大的集中在各类服务行业。

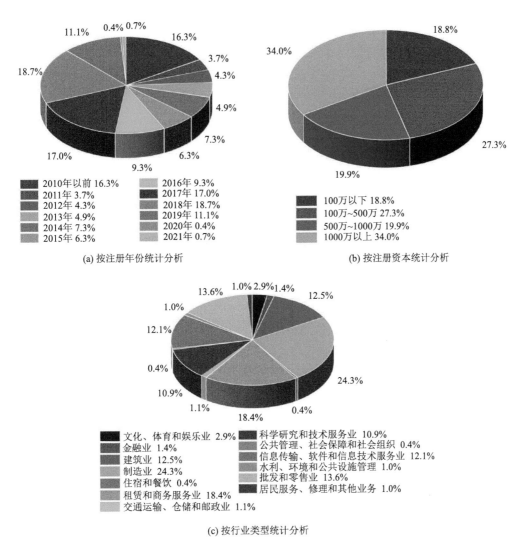

(a) 按注册年份统计分析

(b) 按注册资本统计分析

(c) 按行业类型统计分析

图 4.22　兰州高新技术创新园分析数据

本节通过上述统计和分析后发现：

（1）彩钢板建筑群大面积密集存在的两大产业园区，其企业注册时间与大型彩钢板建筑大量增长时期较为一致，且注册资本均较高。

（2）服务业和制造业是两个产业园区的主要发展产业，园区中彩钢板建筑主要用于服务业的物流仓库以及制造业的生产工厂、仓库等。

综上所述，以大型彩钢板建筑为主要建材搭建的产业园区对第二、第三产业的发展起到了较大的推动作用，也在一定程度上促进了兰州市的经济增长，加快了城市转型升级。

4.4 彩钢板建筑群与城市热岛效应

彩钢板建筑材质的特殊性造成其在阳光直射时容易升温从而形成高温区域，具有明显的夏热冬冷现象。城市热岛效应是影响城市适宜居住的重要因素之一（黄焕春等，2021；付尧，2020；岳文泽，2005），彩钢板建筑密集分布区形成新的热源，加剧了城市热岛效应（张乃心等，2022）。为了解彩钢板建筑群对城市热岛的影响，本书首次对二者之间的关系进行了研究。

4.4.1 研究思路及方法

1. 技术路线

本书以兰州市为例，研究了彩钢板建筑群对城市热岛效应的影响，研究主要涉及两套数据：一是高分卫星影像，主要用于彩钢板建筑信息提取和时空分布研究，采用国产高分二号和 Google Earth 影像，其空间分辨率分别为 0.8 m 和 0.6 m；二是中分卫星影像，用于地表温度的反演计算，采用 Landsat-5 和 Landsat-8 影像数据，空间分辨率是 30m。研究中，利用彩钢板建筑矢量数据计算了彩钢板建筑聚集密度，根据矢量点数据属性值进行线性回归分析，研究不涉及数据尺度问题。

研究思路和技术路线如图 4.23 所示。研究中，采用前文提出的深度学习解译方法提取了研究区的彩钢板建筑信息，基于 Landsat 系列遥感影像采用辐射传输方程法和单窗算法分别反演了 2017 年兰州市地表温度，利用 MOD11A1 8 天合成产品对地表温度进行反演验证，而后选择精度较高的单窗算法反演研究区多时相地表温度。采用距离加权方法计算彩钢板建筑聚集密度，并利用 Fragstats4.2 软件计算了彩钢板建筑群的景观指数，最后综合分析了夏季兰州市主城区彩钢板建筑群的增温效应。

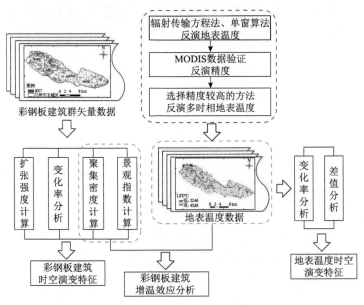

图 4.23 研究思路和技术路线

2. 研究方法

1）聚集密度计算

相关研究表明单一建筑物对城市热岛效应的影响非常有限，但密集成群的建筑物会改变局部城市空间形态从而升高局部地表温度，且不同密集形式对热岛效应的影响程度不同（黄群芳，2021；王宪凯等，2021）。彩钢板建筑群是城市的一部分，是城市空间形态的构成要素，其大量密集分布会影响城市的地表温度。为此，本节通过距离加权方法计算彩钢板建筑群的聚集密度，将一定半径范围内不同面积的彩钢板依据各自权重全部考虑在内，能较为准确地反映其在某一位置聚集的程度和状态，以及在不同聚集状态下所呈现出的某种具有代表性的城市发展特征。

利用距离加权算法计算彩钢板建筑聚集密度的规则为，将二值图像中彩钢板建筑的像元值设为 1，非彩钢板建筑的像元值设为 0；以某一像元点为中心，使用距离作为权重计算其指定半径范围内的彩钢板像元值的平均值，作为该点附近的彩钢板建筑的聚集密度（图 4.24），以下简称 $D（R）$。因地表温度（LST）图像分辨率为 30 m，故二值图像输出像元值大小同样设置成 30 m，且实验中尺度半径 R 也为 30 m。计算公式为（Meng et al.，2017）

$$D_O(R) = \frac{\sum\limits_{i=1}^{m} P_i \cdot \left(1 - \dfrac{d_i}{2R}\right)}{\sum\limits_{i=1}^{m} \left(1 - \dfrac{d_i}{2R}\right)} \qquad (4.3)$$

式中，O 为中心点像元；R 为尺度半径；P_i 为半径范围内第 i 个像元的值（0 或 1）；d_i 为像元 d_i 与中心点像元 O 之间的欧式距离；m 为半径 R 范围内的像元总数。

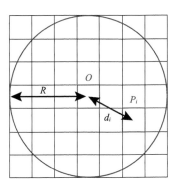

图 4.24　聚集密度搜索示意图

2）地表温度反演

首先，采用辐射传输方程法和单窗算法反演计算 2017 年兰州市主城区的地表温度。通过对比分析发现，单窗算法计算简便，精度较高，且考虑了大气影响因素（孟丹等，2010；覃志豪，2001）。通过单窗算法将估算的大气对地表热辐射影响从卫星传感器观测到的热辐射总量中减去，得到地表辐射强度。其次，将其转化为相应的地表温度（Jahangir and Moghim，2019；毛克彪等，2007）。采用的辐射传输方程为

$$L_\lambda = [\varepsilon B(T_S) + (1-\varepsilon)L_D]\tau + L_U \qquad (4.4)$$

$$B(T_S) = [L_\lambda - L_U - \tau(1-\varepsilon)L_D]/\tau\varepsilon \qquad (4.5)$$

$$T_S = K_2 / \ln[K_1 / B(T_S) + 1] \qquad (4.6)$$

式中，ε 为地表比辐射率；$B(T_S)$ 为温度为 T 的黑体在热红外波段的辐射亮度；τ 为大气透射率，其与大气向上辐射亮度 L_U 和大气向下辐射亮度 L_D 可在美国国家航空航天局（NASA）提供的网站（http://atmcorr.gsfc.nasa.gov/）上通过输入成影时间和中心经纬度获得；K_1、K_2 为常量，可通过查表得到。

单窗算法将大气影响因素考虑在内，利用热红外波段的辐射亮温结合地表比辐射率和大气剖面参数来计算地表温度，公式如下：

$$T_S = \left\{ a(1-C-D) + [b(1-C-D) + C + D]T_{sensor} - DT_a \right\} / C \qquad (4.7)$$

$$C = \varepsilon\tau \qquad (4.8)$$

$$D = (1-\tau)[1 + (1-\varepsilon)\tau] \qquad (4.9)$$

式中，a、b 为参考系数；T_{sensor} 为辐射亮温（K）；T_a 为大气平均作用温度（K），通过大气平均作用温度估算模型获得；ε 为地表比辐射率，根据混合像元分解法求得；τ 为大气透射率。

3）景观指数分析

景观格局是指由形状和大小各异的自然或人为景观要素共同作用而成的综合体（姬涛，2013），景观指数用于描述景观格局信息的空间结构及配置特征（陈文波等，2002）。对于彩钢板建筑群景观而言，其破碎化程度及聚集度是衡量景观异质性的关键指标，该问题的研究有助于分析不同聚集特征的彩钢板建筑群对地表温度的反演。

为避免指数之间的信息冗余，结合不同级别下彩钢板建筑的聚集密度，本节在类型水平上选用了四种常用指标（表 4.9）：斑块密度（PD）、最大斑块指数（LPI）、斑块凝聚度指数（COHESION）和周长面积分维（PAFRAC）。通过对景观指数与地表温度的相关性分析，进而对城市彩钢板建筑的空间分布格局进行合理性分析。

表 4.9　景观指数及其生态学意义

景观指数	生态学意义
斑块密度	反映景观破碎化的程度，其值越大，表明景观破碎度越高
最大斑块指数	最大斑块占景观面积的比例，能够测度景观优势度
斑块凝聚度指数	反映斑块的连续性特征，其值越大，连续性越强
周长面积分维	反映斑块形状复杂程度及该区域受人类活动影响的程度

4.4.2　彩钢板建筑群与城市热岛关系分析

1. 彩钢板建筑聚集密度分析

研究区的彩钢板建筑具有明显的聚集特征，为量化分析其聚集密度，本节采用距离加权方法计算了研究区 2008 年、2014 年及 2017 年彩钢板建筑的聚集密度，并将其分为低、中、高三个等级（图 4.25）（张乃心等，2022），即低聚集密度区［0≤$D(R)$<0.25］、中聚集密度区［0.25≤$D(R)$<0.5］、高聚集密度区［0.5≤$D(R)$≤0.99］。进一步统计各等级彩钢板建筑面积及其占研究区总面积的比例，统计结果见表 4.10。

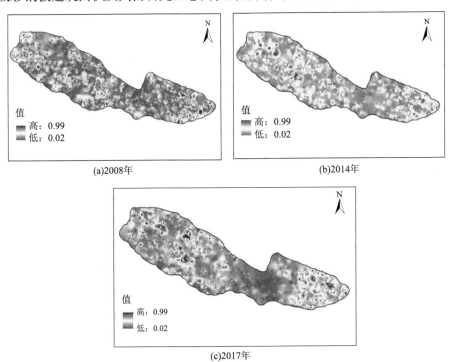

图 4.25　研究区彩钢板建筑聚集密度分布图

表 4.10　各密度等级彩钢板建筑面积及占比

彩钢板建筑 聚集密度等级	2008 年		2014 年		2017 年	
	面积/km²	占比/%	面积/km²	占比/%	面积/km²	占比/%
低聚集密度区	0.63	0.30	1.66	0.81	1.57	0.76
中聚集密度区	0.62	0.30	1.77	0.86	1.95	0.95
高聚集密度区	1.84	0.89	2.47	1.18	3.23	1.57

对图 4.25 和表 4.10 进行分析表明：

（1）2008 年研究区内彩钢板建筑高聚集密度区面积约为 1.84 km²，在各等级中占比最大，中、低聚集密度区的彩钢板建筑占比则相对较小；

（2）2014 年彩钢板建筑高聚集密度区面积增长至 2.47 km²，在各等级中占比最大，为 1.18%，中、低聚集密度区的彩钢板建筑占比相当；

（3）2017 年相较于 2008 年而言，高聚集密度区彩钢板建筑面积增长至 3.23 km²，占比达 1.57%；中聚集密度区和低聚集密度区彩钢板建筑面积分别增长至 1.95 km²、1.57 km²，占比分别达 0.95%、0.76%。

上述特征表明,研究区的彩钢板建筑面积总体呈增长趋势。就空间分布特点而言,2008 年彩钢板建筑高聚集密度区的分布较为零散,中、低聚集密度区以高聚集密度区为中心,向外呈放射状分布。2014 年彩钢板建筑高聚集密度区分布较 2008 年有了聚集趋势。2017 年彩钢板建筑高聚集密度区的分布则更为集中,中、低聚集密度区同样伴随高聚集密度区向外扩散分布。

进一步将彩钢板建筑群信息的矢量数据与密度图叠加后发现,高聚集密度区以大型彩钢板建筑集中分布为主,低聚集密度区以较为分散的小型彩钢板建筑分布为主。此外,2017 年因创建文明城市,拆除了市区部分地块中的小型彩钢板建筑,而一些产业园区中大型彩钢板建筑在不断扩展,由此造成了高聚集密度区更为突出的结果。总体上彩钢板建筑由 2008 年的无规则散落分布发展到 2017 年的紧凑集中式分布,体现了城市规划发展过程中的规律性及合理性。

2. 地表温度时空演变特征

1)地表温度反演算法对比

本节基于 2017 年的 Landsat-8 遥感影像数据,对比分析了经辐射传输方程法和单窗算法反演得到的兰州市主城区地表温度结果,利用 MOD11A1 地表温度产品对地表温度反演结果进行精度评估。在研究区范围内随机生成 100 个样本点,分别统计 MODIS 地温数据,以及利用单窗算法、辐射传输方程法反演得到的地温数据,并计算了其相关性(图 4.26),以对比分析两种算法下地表温度结果的精度。

分析图 4.26 发现,两种算法反演得到的地表温度结果总体上精度均较高。其中,单窗算法结果与 MOD11A1 地表温度数据的回归方程决定系数 R^2 为 0.90,辐射传输方程法结果与 MOD11A1 地表温度数据的回归方程决定系数 R^2 为 0.84,由此表明单窗算法精度更优。因此,后续研究均采用单窗算法计算地表温度数据。

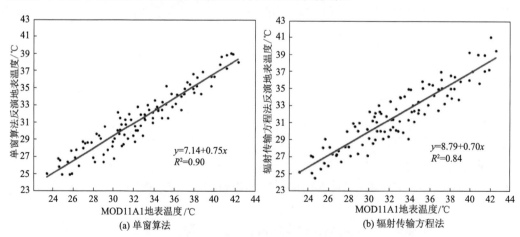

图 4.26   两种算法反演地表温度精度对比

2）研究区地表温度时空演变特征

（1）地表温度反演计算。采用单窗算法反演计算了 2008 年、2014 年和 2017 年兰州市主城区的地表温度，计算结果如图 4.27 所示，同时统计了三年中地表温度的最值、平均值及标准差（表 4.11）。

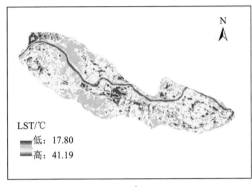

(a) 2008年

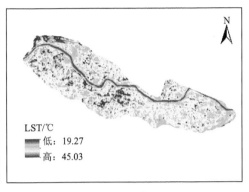

(b) 2014年

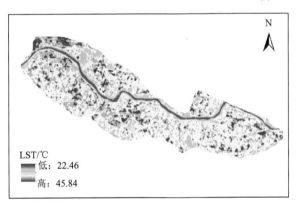

(c) 2017年

图 4.27　地表温度反演结果

表 4.11　研究区地表温度统计数据

日期	最大值/℃	最小值/℃	平均值/℃	标准差/℃
2008 年 8 月 3 日	41.19	17.80	31.70	3.23
2014 年 8 月 27 日	45.03	19.27	32.65	3.27
2017 年 8 月 3 日	45.84	22.46	35.83	3.05

对图 4.27 和表 4.11 分析后发现，2008～2017 年期间：①总体上研究区内靠近黄河一带温度较低，城市边缘地区温度则较高，这与已有相关研究结果一致。②高温区范围逐渐扩大，低温区及亚低温区不断缩小，表明兰州市城市化发展较为迅速，城市热岛效应在增强。③研究区地表温度最大值升高了 4.65℃。其中，2008 年 8 月 3 日平均地表温度为 31.70℃，标准差为 3.23℃；2014 年 8 月 27 日平均地表温度为 32.65℃，标准差为 3.27℃；

2017 年 8 月 3 日平均地表温度为 35.83℃，标准差为 3.05℃。由此表明 9 年来研究区的地表温度不断升高。此外，标准差反映了数据集的离散性，表明三个年份中，2014 年日地表温度大部分值与平均值之间差异最大，离散度最高。

（2）地表温度归一化处理。为避免不同时相间地表温度差异对研究结果的影响，对地表温度进行归一化处理［式（4.10）］，以更直观地描述地表温度的空间变化过程及特点。同时采用均值-标准差方法［式（4.11）］对地表温度反演结果进行规范化分级处理，计算结果如图 4.28 所示。

对温度进行归一化处理的计算方法为

$$T_n = \frac{T - T_{min}}{T_{max} - T_{min}} \qquad (4.10)$$

式中，T_n 为归一化温度值；T 为任意一点的温度值；T_{min} 为温度最小值；T_{max} 为温度最大值。

对地表温度反演结果进行规范化分级处理的均值-标准差方法的计算方法为

$$T_S = a \pm n \times \mathrm{std} \qquad (4.11)$$

式中，T_S 为温度分割值；a 为地表温度平均值；std 为地表温度标准差；n 为系数，取值为 ±0.5、±1。

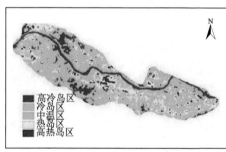

(a)2008年

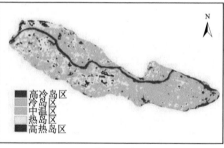

(b) 2014年

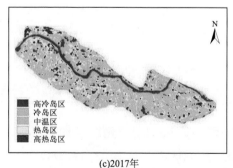

(c)2017年

图 4.28　归一化地表温度

对图 4.28 进一步分析后可发现:①2008 年高热岛区及热岛区集中分布于安宁区西北部、七里河区北部以及城关区东部。高冷岛区及冷岛区面积较大,主要集中分布于黄河一带、安宁区和西固区未开发利用的林地、草地。②2014 年除城关区以外,其他三个行政区的高热岛区范围均不断扩大,城关区的热岛区不断缩小,转变为中温区和冷岛区。③2017 年高热岛区分散扩大,安宁区、西固区、城关区热岛效应加剧,高冷岛区及冷岛区范围缩减。

为进一步定量分析 9 年间研究区地表温度的空间变化特征,统计了各地表温度等级的面积及其占整个研究区面积的比例,结果如表 4.12 所示。

表 4.12　各地表温度等级面积及其所占比例

地表温度等级	2008 年 8 月 3 日		2014 年 8 月 27 日		2017 年 8 月 3 日	
	面积/km²	比例/%	面积/km²	比例/%	面积/km²	比例/%
高冷岛区	31.68	15.37	23.25	11.28	18.17	8.81
冷岛区	29.60	14.36	23.96	11.62	16.58	8.04
中温区	94.76	45.97	98.29	47.69	91.88	44.58
热岛区	41.47	20.12	52.57	25.51	65.85	31.95
高热岛区	8.61	4.17	8.03	3.90	13.62	6.61

对表 4.12 分析后发现:①中温区占比最大,其次是热岛区和高热岛区。②较 2008 年而言,2017 年高冷岛区、冷岛区及中温区面积减少,分别减少 13.51 km²、13.02 km²、2.88 km²,转变为高热岛区及热岛区,使得其面积分别增长 5.01 km²、24.38 km²(误差正常)。

(3)研究区地表温度时空演变特征分析。结合前述地表温度反演结果(图 4.27)以及均值-标准差分级结果(图 4.28),对研究区的地表温度变化进一步分析后发现:①2008 年夏季热岛区、高热岛区主要分布在七里河区中部、城关区中部以及安宁区西北部的城市边缘一带。此时兰州市城市发展相对处于中期阶段,建设用地的利用率较低,城市空间正加快蔓延(李雪梅和张志斌,2008),地表温度开始逐渐升高。②相较于 2008 年,2014 年夏季城关区的热岛区范围减小,安宁区、西固区、七里河区的高热岛区及热岛区范围扩大,城市建设用地量增多,大型产业园区不断在兰州新区落地,城市化进程趋于相对稳定,城市热岛效应逐步加剧。③直至 2017 年夏季,整个研究区的热岛区及高热岛区范围进一步扩大,中心城区及高新技术开发区地表温度不断升高,城市"高温化"现象日益加剧。

总体而言,随着兰州市主城区建设用地的不断扩张发展,夏季城市热岛区及高热岛区由局部集中型形态分布逐步发展为散点型形态分布。9 年间夏季地表最高温度不断升高,城市热岛效应加剧明显。

为进一步分析 9 年来研究区地表温度的时间变化特征,本节对不同时期的归一化地表温度图像进行差值计算,分析了 2008～2017 年兰州市主城区地表温度的变化情况（图 4.29）。结果分别为三个不同时期归一化地表温度的差值图像，对每幅差值图像按照均值（a）-标准差（std）的方法进行分级处理，将温度变化值分为 5 个等级（Jiang，2017），计算结果如表 4.13 所示。依据该等级标准分别统计不同时期每个等级地表温度变化面积及年变化比例，结果见表 4.14。

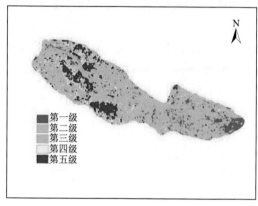

(a)2008～2014年

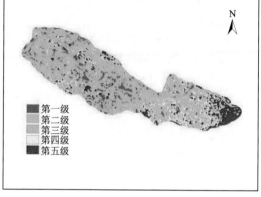

(b)2014～2017年

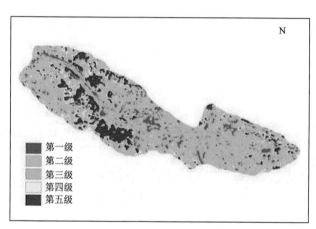

(c)2008～2017年

图 4.29　2008～2017 年不同时期地表温度变化

表 4.13　地表温度差值图像分级标准

变化等级	区间划分	该等级意义
第一级	$T_S \leq a - \text{std}$	地表温度降低最显著
第二级	$a - \text{std} < T_S \leq a - 0.5\text{std}$	地表温度降低较显著
第三级	$a - 0.5\text{std} < T_S \leq a + 0.5\text{std}$	变化不明显
第四级	$a + 0.5\text{std} < T_S \leq a + \text{std}$	地表温度升高较显著
第五级	$T_S > a + \text{std}$	地表温度升高最显著

表 4.14　2008～2017 年地表温度变化面积及比例

变化等级	2008～2014 年		2014～2017 年		2008～2017 年	
	面积/km²	年变化比例/%	面积/km²	年变化比例/%	面积/km²	年变化比例/%
第一级	23.13	1.87	27.46	4.44	22.55	1.38
第二级	26.66	2.16	30.13	4.87	28.45	1.53
第三级	93.74	7.58	89.3	14.44	95.01	5.12
第四级	19.64	1.59	22.56	3.65	20.33	0.88
第五级	42.94	3.47	36.65	5.93	39.77	2.20

对图 4.29 及表 4.13、表 4.14 进行分析后发现：①2008～2014 年及 2014～2017 年，城市热岛效应缓解区面积均小于加剧区面积。其中，2008～2014 年城市热岛效应加剧程度最大，以七里河区西南部、西固区东南部、安宁区中部城市热岛效应加剧尤为显著。②相较于 2008～2014 年，2014～2017 年城市热岛效应加剧区面积减少。其原因可能在于兰州市作为西北地区重要生态屏障，在城市经济快速发展的同时，大力推进生态防护体系建设，使得该时期城市热环境得到一定程度的改善。③总体上，9 年来城市化进程的快速发展使得城市热岛效应进一步加剧，该阶段前期加剧尤为显著，后期通过生态治理得到一定缓解。

3. 彩钢板建筑聚集密度与城市热岛效应相关性分析

为探究彩钢板建筑与地表温度之间的相关性，本节将 2008 年、2014 年和 2017 年彩钢板建筑聚集密度与相应的地表温度数据随机排序，等间距分成 200 组，每组取其平均值，将该值导入 SPSS 软件进行相关性分析，其结果如图 4.30 所示。

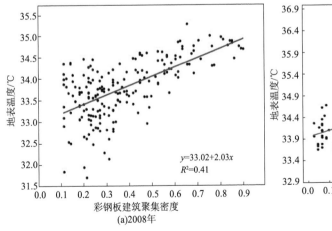

(a)2008年

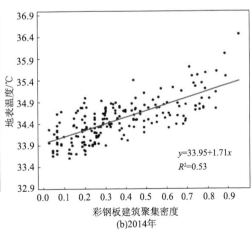

(b)2014年

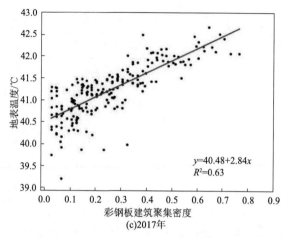

(c)2017年

图 4.30　彩钢板建筑聚集密度与地表温度相关关系

　　进一步分析发现，2008 年、2014 年和 2017 年彩钢板建筑群聚集密度与地表温度均呈线性正相关关系，回归方程分别为：$y=33.02+2.03x$，$R^2=0.41$；$y=33.95+1.71x$，$R^2=0.53$；$y=40.48+2.84x$，$R^2=0.63$。根据计算分析，2008 年彩钢板建筑总面积相对较小，大型彩钢板建筑群集聚程度较低，聚集密度每增加 0.1，地表温度上升 0.20 ℃，其对地表温度产生的影响较小。2014 年大型彩钢板建筑群聚集程度仍较低，聚集密度每增加 0.1，地表温度上升 0.17 ℃。2017 年大型彩钢板建筑群占比大，聚集程度高，聚集密度每增加 0.1，地表温度上升 0.28 ℃。由此表明彩钢板建筑聚集密度越大，其对地表温度的增温效应越强。2008~2017 年以大型彩钢板建筑为主的彩钢板建筑群的不断增加与聚集加剧了兰州市主城区夏季城市热岛效应。

　　4. 彩钢板建筑景观格局指数与地表温度相关性

　　将研究区内彩钢板建筑群聚集密度按照低、中、高等级分为三部分，分别统计 2008 年、2014 年及 2017 年不同密度等级下的彩钢板建筑群的景观格局指数与日平均地表温度的相关性，获得的回归方程及相关系数如表 4.15 所示，由此计算的结果如图 4.31 所示。其中，图中颜色越深表明相关性越强，红色表示正相关，绿色表示负相关。

表 4.15　彩钢板建筑景观指数与地表温度回归分析

景观指数	2008 年		2014 年		2017 年	
	回归方程	相关系数	回归方程	相关系数	回归方程	相关系数
LPI	$T=33.34+151.86x$	0.965	$T=34.23+25.21x$	0.934	$T=41.30+17.72x$	0.873
PD	$T=34.18-0.14x$	-0.640	$T=35.33-0.22x$	-0.830	$T=42.32-0.22x$	-0.776
COHESION	$T=33.06+0.15x$	0.890	$T=33.78+0.02x$	0.741	$T=40.56+0.02x$	0.782
PAFRAC	$T=45.93-8.06x$	-0.974	$T=38.20-2.35x$	-0.475	$T=53.00-7.33x$	-0.495

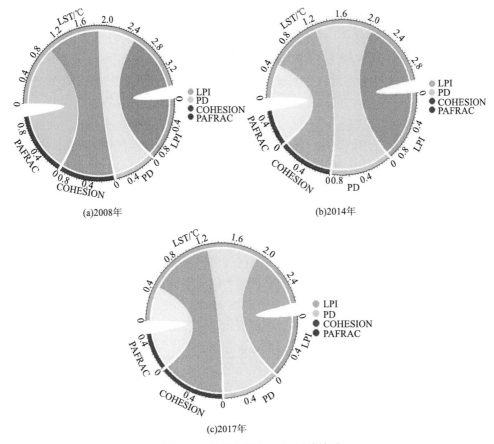

(a)2008年　　　　(b)2014年

(c)2017年

图 4.31　景观指数与 LST 相关关系

根据表 4.15 分析可知，景观指数与 LST 均呈线性相关关系。2008 年、2014 年及 2017 年 LPI、COHESION 与 LST 呈线性正相关关系，表明 LPI 越大的区域，彩钢板建筑分布越广，面积越大，地表温度越高；COHESION 反映了斑块类型的连续性特征，由线性正相关关系可知，COHESION 越大，表明彩钢板建筑群的连续性越强，该区域温度越高。

PD、PAFRAC 与 LST 呈线性负相关关系。PD 指数反映了景观破碎化的程度，其值越大，表明彩钢板建筑群景观破碎度越高，该区域温度越低，且彩钢板建筑群斑块内分布有较多其他地物斑块；PAFRAC 指数反映了该区域受人类活动影响的程度，由线性负相关关系可知，PAFRAC 值越大的区域温度越低，该彩钢板建筑区受人类活动影响越大。

此外，2008~2017 年，LPI 增大，PD 及 COHESION 均变小，表明彩钢板建筑群在 9 年间面积、范围不断扩大，破碎化程度降低，聚集程度升高，这与前述彩钢板建筑群及其聚集密度的变化趋势结论相符。

研究结果表明彩钢板建筑群聚集密度与 LST 呈显著线性正相关关系。彩钢板建筑群聚集密度越大的区域，地表温度越高，2017 年较 2008 年聚集程度更高，对 LST 的影响更大。其中，大型彩钢板建筑群的高度聚集是加剧城市热岛效应的主要原因之一。彩钢板建筑群景观指数与 LST 亦呈线性相关关系，其中 LPI 与 LST 相关性最强，各指数分别揭示了彩钢板建筑群的面积、范围、连续性、破碎化程度等指标对 LST 产生的不同影响。

夏季，彩钢板建筑群表面温度远高于其他材质的建筑物，对城市热岛效应的增幅及其影响不容忽视。彩钢板建筑群高度聚集区域，不但居住适宜性差，而且高温容易诱发火灾，且因材质原因，发生的火灾燃烧快、难以扑灭，产生的气体有毒。因此，本节结果可供城市管理和规划参考。随着城市化进程推进，避免大型彩钢板建筑的大量聚集、适当减少大型彩钢板建筑的使用、扩大绿化及城市水面的范围等措施可有效地缓解城市热岛效应的进一步加剧。

4.5 本 章 小 结

本章主要研究了影响彩钢板建筑群发展的关键因子、彩钢板建筑群与城市空间结构的关系及其对城市热岛效应的影响等问题，主要研究结果如下。

（1）大型彩钢板建筑多用于产业园区建设，小型彩钢板建筑集中分布在城中村和城市边缘，用于临时居住和商业。以大型彩钢板建筑群为主的产业园区产生了较大的经济价值，促进了城市经济增长，加快了城市化进程。城中村临时小型彩钢板建筑群的大量出现，表明房地产业发展较快，城市化进程在提速。

（2）道路网密度与彩钢板建筑密度呈二次曲线模型。道路网贫瘠的地方彩钢板建筑数量少，随着道路网的完善，彩钢板建筑也变多。然而，当道路网发展到较高水平时，彩钢板建筑又会变少。

（3）大型彩钢板建筑面积与企业数量呈线性关系，随着街道企业数量增多，大型彩钢板建筑总面积也会变大。与居民小区距离 100～200 m 的小型彩钢板建筑数量最多，与学校距离 100～300 m 的小型彩钢板建筑数量最多，表明小型彩钢板建筑群多用于临时租住房，多位于待拆迁和改造区域。

（4）彩钢板建筑聚集密度与地表温度呈显著线性正相关关系。彩钢板建筑聚集密度越大，对地表温度的影响也越大。彩钢板建筑景观指数与地表温度均呈线性相关关系，各指数分别揭示了彩钢板建筑的面积、范围、连续性、破碎化程度等指标对地表温度产生的不同影响。研究表明，彩钢板建筑的不断增加对于兰州市主城区城市热岛效应的加剧具有推动作用，大型彩钢板建筑的高度聚集是加剧城市热岛效应的主要原因之一。

本章仍存在一些不足之处，有待后续研究发现：

（1）只将彩钢板建筑与城市的公司、学校进行了空间相关性分析，对其与城市的其他要素未做相关分析。

（2）只将彩钢板建筑群与城市空间形态中的个体城市要素（如市中心、黄河这类城市特有的要素和道路、企业、居民小区、学校等不同类型的城市功能用地）进行了相关分析，对其与城市空间形态中的社会群体、经济活动等未做相关分析。

（3）景观格局特征依赖于时空尺度的变化，本章未考虑不同尺度下景观指数的变化特点及其对地表温度的不同影响。

参 考 文 献

陈文波, 肖笃宁, 李秀珍. 2002. 景观空间分析的特征和主要内容. 生态学报, 22(7): 1135-1142.

段小薇, 李小建. 2018. 山区县域聚落演化的空间分异特征及其影响因素——以豫西山地嵩县为例. 地理研究, 37(12): 2459-2474.

范小晶, 张永福, 程珍珍. 2019. 基于 DMSP/OLS 夜间灯光数据的新疆 1992—2013 年能源消费研究. 国土资源遥感, 31(1): 212-219.

付尧. 2020. 城市热环境与舒适度的时空演变特征及其调节机制研究. 北京: 中国科学院大学博士学位论文.

高岩, 邢汉发, 张焕雪. 2021. 夜光遥感与 POI 数据耦合关系中的城市空间结构分析——以深圳市为例. 桂林理工大学学报, (1): 122-130.

黄焕春, 杨海林, 邓鑫, 等. 2021. 城市热岛对居民健康影响的空间演化过程. 遥感信息, 36(4): 38-46.

黄群芳. 2021. 城市空间形态对城市热岛效应的多尺度影响研究进展. 地理科学, 41(10): 1832-1842.

姬涛. 2013. 四川产业园区与城市空间协调发展研究. 成都: 西南交通大学.

李涵. 2020. 徐州市区不透水面时空演变及其热环境效应研究. 徐州: 中国矿业大学.

李雪梅, 张志斌. 2008. 基于"精明增长"的城市空间扩展——以兰州市为例. 干旱区资源与环境, 22(11): 108-113.

马吉晶. 2019. 彩钢棚遥感提取及其时空分布规律研究——以兰州市安宁区为例. 兰州: 兰州交通大学硕士学位论文.

毛克彪, 唐华俊, 周清波, 等. 2007. 用辐射传输方程从 MODIS 数据中反演地表温度的方法. 兰州大学学报(自然科学版), 43(4): 12-17.

孟丹, 李小娟, 宫辉力, 等. 2010. 北京地区热力景观格局及典型城市景观的热环境效应. 生态学报, 30(13): 3491-3500.

覃志豪. 2001. 用陆地卫星 TM6 数据演算地表温度的单窗算法. 地理学报, 56(4): 456-466.

王金梅. 2019. 兰州市彩钢板建筑与城市空间形态关系研究. 兰州: 兰州交通大学硕士学位论文.

王宪凯, 孟庆岩, 李娟, 等. 2021. 北京市主城区不透水面时空演变及其热环境效应研究. 生态科学, 40(1): 169-181.

魏伟, 石培基, 脱敏雍, 等. 2012. 基于 GIS 的甘肃省道路网密度分布特征及空间依赖度分析. 地理科学, 32(11): 1297-1303.

岳文泽. 2005. 基于遥感影像的城市景观格局及其热环境效应研究. 上海: 华东师范大学博士学位论文.

张乃心, 杨树文, 张萌生, 等. 2022. 彩钢板建筑聚集密度对城市热岛效应影响分析——以兰州市为例. 科学技术与工程, 22(6): 2185-2192.

赵国梁, 郑新奇, 原智远, 等. 2015. 道网密度与城镇扩张时空变化特征及关联性分析. 农业工程学报, 31(12): 220-229.

Jahangir M S, Moghim S. 2019. Assessment of the urban heat island in the city of Tehran using reliability methods. Atmospheric Research, 225(SEP.): 144-156.

Jiang G H. 2017. Identifying the internal structure evolution of urban built-up land sprawl (UBLS) from a composite structure perspective: A case study of the Beijing metropolitan area, China. Land Use Policy, 62: 258-267.

Kaifang S, Bailang Y, Huang Y X, et al. 2014. Evaluating the ability of NPP-VIIRS nighttime light data to estimate the gross domestic product and the electric power consumption of China at multiple scales: A comparison with DMSP-OLS data. Remote Sensing, 6(2): 1705-1724.

Meng Q, Zhang L, Sun Z, et al. 2017. Characterizing spatial and temporal trends of surface urban heat island effect in an urban main built-up area: A 12-year case study in Beijing, China. Remote Sensing of Environment, 204: 826-837.

Yang S W, Ma J J, Wang J M. 2018. Research on Spatial and Temporal Distribution of Color Steel Building Based on Multi-Source High-Resolution Satellite Imagery. Beijing: ISPRS-International Archives of the Photogrammetry, Remote Sensing and Spatial Information Sciences.

第5章

大型彩钢板建筑群与产业园区关联性

5.1 引　言

产业园区是指为了促进某一产业发展，达成相应发展目标而创立的特殊区位环境，是区域经济发展、产业调整升级的重要空间聚集形式（杨显明和焦华富，2016；万里强等，2004；Heeres et al.，2004），是产业迁移、产业集群发展的必然，是城市社会经济发展的重要引擎和影响城市化进程的主要推动力（Jiang et al.，2017）。产业园区广义上指各类国家级、省级开发区以及多种类型的产业园区，狭义上是指由国务院和省、自治区、直辖市人民政府等批准在城市规划区范围内设立的经济技术开发区、高新技术产业开发区、保税区和国家旅游度假区等实行国家特定优惠政策的各类开发区（刘滨谊等，2012；王缉慈，2011；Geng et al.，2008）。目前，常见的产业园区主要有工业园区、物流园区、科技园区和文化创意园区等。

2000年以来，受"一带一路"倡议、西部大开发战略的实施以及东部产业西迁等的影响（王珞珈等，2016），西北地区城市化进程加快，产业园区转型升级以及结构调整幅度增大，各类产业园区建设规模激增。通过卫星影像监测和实地调研及相关资料分析发现，西北地区近年来建成或在建的工业园区、物流园及商贸物流园区等数量多、规模大（图5.1）。而且，在部分园区中大规模存在以彩钢板为主要建造材料的各种建筑物，包括工厂车间、物流仓库、建筑工棚和临时住宅等（图5.2）。

|（a）宁夏永宁工业园区|（b）兰州经济技术开发区|（c）乌鲁木齐经济技术开发区|

（d）西宁经济技术开发区　　　（e）宁夏兴泰隆集团西夏物流园　　　　（f）众海建材市场

图 5.1　Google Earth 影像一（局部）

　　（a）临时住宅　　　　　（b）建筑工棚　　　　　（c）工厂车间　　　　　（d）物流仓库　　　　　（e）批发市场

图 5.2　彩钢板建筑照片

　　利用 Google Earth 和天地图等平台的影像对比发现，在西北重点城市如兰州、银川及乌鲁木齐等的产业园区中均存在规模庞大的彩钢板建筑，然而这种现象在国内其他产业园区中相对较少，永久建筑物居多（图 5.3）。为什么在这些产业园区中会出现规模庞大的大型彩钢板建筑群？在高分影像中，大型彩钢板建筑群直观地表征了产业园区的区位、空间分布、集聚特征、规模以及地理环境等信息。彩钢板建筑因材质原因具有临时性，西北地区经济总体相对欠发达，而大型彩钢板建筑群多分布于重点城市中近年来新建、在建或扩建的产业园区。这一现象又反映了产业园区的什么问题？

　　此外，针对产业园区存在的问题，现有研究多依赖统计数据从经济、市场、规划及环境等角度进行分析（Wang et al.，2019；高超和金凤君，2015；李啸虎和杨德刚，2015）。产业园区本身具有强聚集空间特征和地域性互补特征（苏雪串，2004；Masahisa and Jacques François，2009）。对此，仅少数研究从单一园区或个别城市产业园区的空间分布、布局优化等方面做了初步探析（Zheng et al.，2017；翁加坤和王红扬，2012）。而针对地域性产业园区时空格局演变、聚集特征及空间布局优化等方面的系统性研究明显不足（王凯等，2016），在西北产业园区的系统性研究方面更是如此。因此，强化对西北产业园区存在问题及空间布局优化的研究势在必行。

　　综上所述，鉴于银川市近年来各种产业园区发展规模和数量都具有一定的代表性，本章以银川市的产业园区（以工业园区为主）为例（Song et al.，2021），尝试通过产业园区与彩钢板建筑群的关联性研究（宋郁，2021）探析它们之间存在的关系，以揭示产业园区存在的问题，促进产业园区的良性发展。

（a）南京经济技术开发区

（b）苏州工业园区

（c）杭州经济技术开发区

（d）浙江义乌工业园区

图 5.3　Google Earth 影像二（局部）

5.2　大型彩钢板建筑群时空演变特征

为了深入研究银川市彩钢板建筑群的时空演变特征，本章针对 2005 年、2010 年、2015 年和 2019 年的彩钢板建筑群，从宏观规模、空间格局和空间均衡性等方面分析了其在银川市的时空演变特征。实际调研和卫星影像对比分析均表明，这些大型彩钢板建筑基本都分布在产业园区中，因此，可用彩钢板建筑群的空间分布、整体边界等信息反馈产业园区的一些基本信息，如轮廓、核心区域及拓展方向等。

5.2.1　彩钢板建筑群的宏观规模演变

基于 Google Earth 影像提取了历年银川市的彩钢板建筑信息，据不完全统计，银川市 2005~2019 年彩钢板建筑的数量和总面积统计结果详见表 5.1。总体上，银川市彩钢板建筑呈现不断增长的趋势，数量上由 2005 年的 396 个增长到 2019 年的 6026 个，增加了约 14 倍；面积由 703595.9 m^2 增长到 13187235.1m^2，增加了约 18 倍。

表 5.1　彩钢板建筑统计表

统计指标	2005 年	2010 年	2015 年	2019 年
数量/个	396	2317	5320	6026
面积/m^2	703595.9	4089542.1	11012527.3	13187235.1

研究统计了银川市下辖"三区两县一市"内各自建设的彩钢板建筑的数量和面积，

其在 2005～2019 年的变化情况如图 5.4 所示。进一步分析发现，15 年来银川市的下辖区（县、市）中，贺兰县彩钢板建筑增长数量最多，金凤区最少。彩钢板建筑总面积的统计结果表明永宁县紧随贺兰县之后，而金凤区的彩钢板建筑总面积最小。

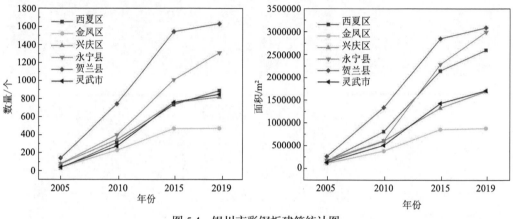

图 5.4　银川市彩钢板建筑统计图

根据历史影像，在 2005 年以前，银川市彩钢板建筑数量整体稀少，各区县（市）分布数量有限。2010～2015 年是彩钢板建筑快速增长阶段，随着城市化提速和各类产业园区的建设、扩展，彩钢板建筑数量快速增加，但 2015 年以后增速降低，然而总体规模仍在增加。

5.2.2　彩钢板建筑的空间格局演变过程

1. 彩钢板建筑群的空间分布变化

将研究区矢量图层与彩钢板建筑图层叠加，结果如图 5.5 所示。从图 5.5 中可

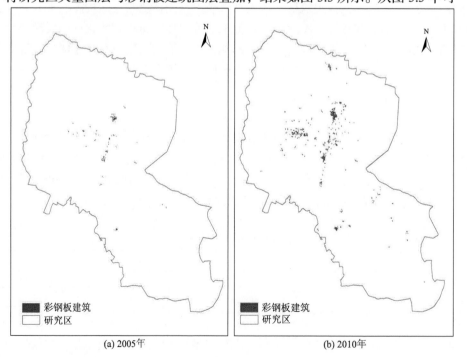

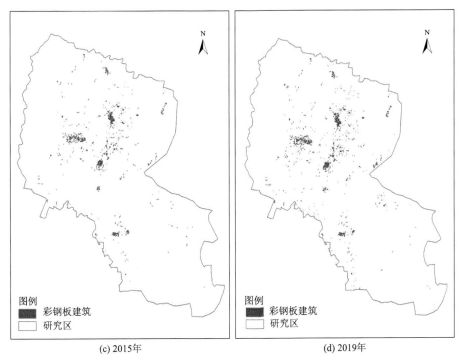

(c) 2015年　　　　　　　　　　(d) 2019年

图 5.5　彩钢板建筑分布图

直观地发现彩钢板建筑数量在各区县（市）的交界处逐年增长、空间范围不断扩大，并由核心的金凤区向四周的区县（市）扩散，空间溢出效应显著。2019 年相比于 2005 年，彩钢板建筑群形成了多个聚集中心，总体面积成几何倍数增长。

2. 彩钢板建筑群的密度变化

采用核密度分析方法对 2005～2019 年研究区彩钢板建筑群聚集密度和演化过程进行分析，计算结果如图 5.6 所示。进一步分析发现，彩钢板建筑群聚集密度值在持续扩大，集聚现象越来越明显。

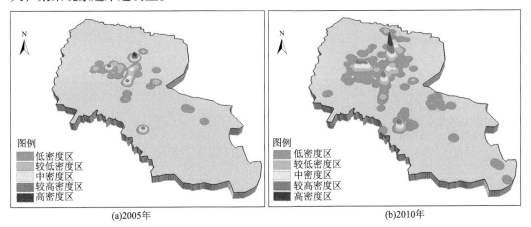

(a)2005年　　　　　　　　　　(b)2010年

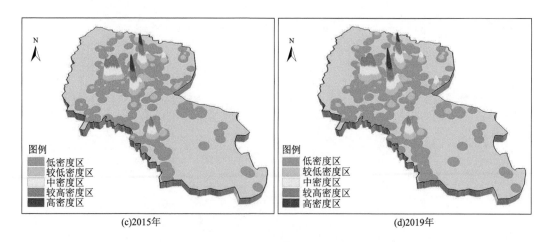

(c)2015年   (d)2019年

图 5.6　彩钢板建筑核密度分析

　　彩钢板建筑群最初集聚在银川市中心城区，主要集聚在西夏区东部、金凤区中部、兴庆区西部以及靠近中心城区的永宁县北部、贺兰县南部一带。其中，密度最大的地方为贺兰县 109 国道与永胜西路交界区域沿道路两侧。随着时间推移，彩钢板建筑群快速扩张，到 2010 年已初步形成了 4 个核心区域，分别是位于贺兰县的京藏高速西侧与 109 国道两侧、西夏区的长城西路以南绕城高速以北、永宁县的永清路以北 109 国道西侧、灵武市镇河路和嘉源街交叉区域。此后，这 4 个核心区域密度不断增大，且其周围又形成了新的次高密度区域。

　　3. 彩钢板建筑群的集聚性变化

　　除了直观的空间分布与密度变化分析外，还研究了银川市彩钢板建筑的集聚性变化情况。基于 ArcGIS 的 Average Nearest Neighbor 工具分别计算了 2005 年、2010 年、2015 年与 2019 年银川市彩钢板建筑的最近邻指数，计算结果如表 5.2 所示。

表 5.2　银川市彩钢板建筑最近邻指数

年份	平均距离/m	期望距离/m	最近邻指数	z值	显著性水平	分布模式
2005	138.2	2005.1	0.069	−35.445	0.000**	凝聚型
2010	104.6	828.9	0.126	−80.466	0.000**	凝聚型
2015	83.4	547.1	0.153	−118.255	0.000**	凝聚型
2019	79.8	514.0	0.155	−125.450	0.000**	凝聚型

**表示通过 1%的显著性水平检验。

　　由表 5.2 分析可知，上述 4 个年份均通过了 1%的显著性水平检验，表现出较高的显著性水平。具体分析计算结果发现，银川市彩钢板建筑群的平均观测距离都小于预期平均距离，最近邻指数分别为 0.069、0.126、0.153、0.155，均远小于 1，表明银川市彩钢板建筑群的空间分布始终呈现较高集聚态势。但是最近邻指数从 0.069 增加到 0.155，表明银川市彩钢板建筑的空间分布集聚特征逐渐减弱，但集聚程度依然很强。

由于不同学者对于最近邻指数结果的划分标准尚未形成统一，为了避免研究结果的不准确，需要结合泰森多边形等方法来保证研究结果的科学性与准确性。为此，本节分别以银川市各区县（市）为单元，计算每个单元内的泰森多边形的面积与标准差，得到 2005 年、2010 年、2015 年与 2019 年彩钢板建筑空间分布的变异系数（coefficient of variation，CV），进一步生成彩钢板建筑群的泰森多边形，结果如图 5.7 所示，同时计算了各区县（市）的 CV 值。

在此基础上进一步分析了银川市各区县（市）CV 值变化趋势（图 5.8）。结果表明，15 年间银川市各区县（市）CV 值均远远大于 64%，基本可以判断银川市彩钢板建筑的空间分布类型为凝聚型，并且任何时期彩钢板建筑都呈现强烈集聚分布特征，从而进一步验证了彩钢板建筑群最近邻指数的计算结果。此期间，2005 年兴庆区、金凤区、西夏区以及靠近市区的贺兰县边缘的泰森多边形最密集。2010 年集聚性加强，核心区域集聚性增强，达到最大值。2015 年除西夏区以外，其他地区集聚性均有所下降，但是核心区域集聚性持续加强。其可能原因在于西夏区长城西路以南、绕城高速以北与文景南街东西两侧大片区域较为空旷，新的产业园区建设不断拓展，园区中彩钢板建筑逐年增多，因此，该区域集聚性呈现持续上升的态势。此后，2019 年与 2015 年的集聚性基本持平，但呈现多区域集聚状态，表明全市集聚性变化趋于平稳，由此可预测未来的集聚性也会稳定在相同的水平。

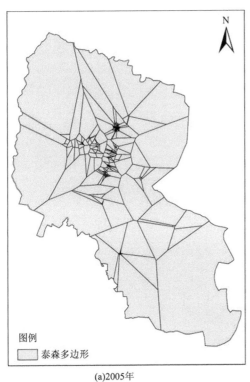

(a)2005年

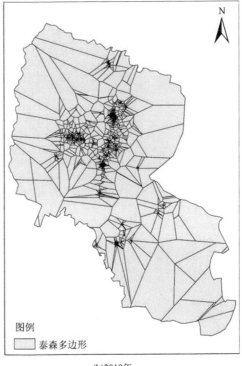

(b)2010年

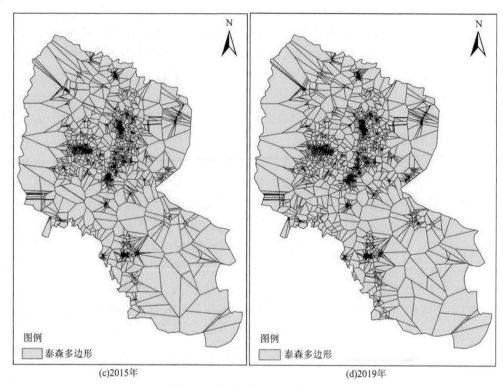

(c)2015年　　　　　　　　　　　(d)2019年

图 5.7　彩钢板建筑泰森多边形图

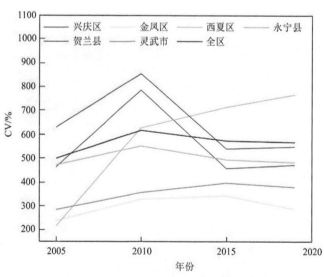

图 5.8　银川市各区县（市）CV 值趋势图

　　最近邻指数和 CV 值仅能够说明彩钢板建筑群在空间上表现出的集聚性，并不能从空间上表示其集聚分布的方向特征。为了进一步研究银川市彩钢板建筑群集聚空间的方向特征，本节借助 CrimeStat 软件识别彩钢板建筑的热点聚集区，对各年份彩钢板建筑的热点聚集区进行分析（图 5.9）。

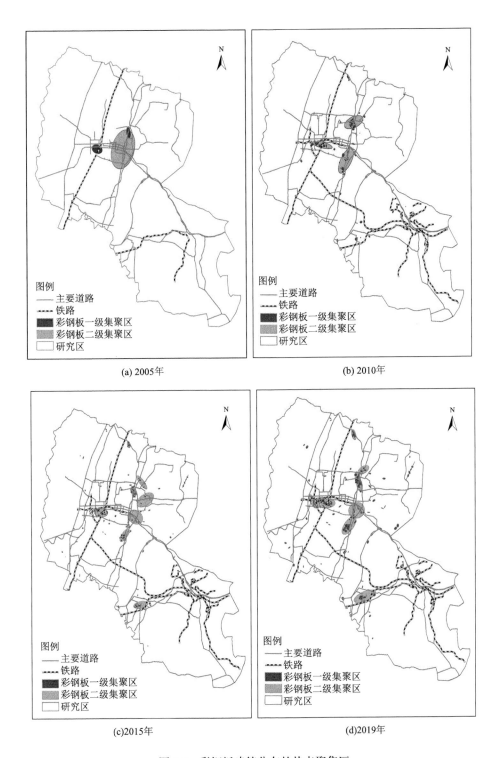

(a) 2005年

(b) 2010年

(c)2015年

(d)2019年

图 5.9 彩钢板建筑分布的热点聚集区

热点聚集区分析结果表明，总体上彩钢板建筑一级聚集区数量逐年增多，且分布越来越集聚，均形成了二级聚集区。二级聚集区分布方向几乎不变，数量逐年增多，且均集中在主干道和铁路线附近。这种延展方向的原因可能在于彩钢板建筑主要用于工商业和物流业等用途，沿交通干线分布可以减少运输成本，提高运输效率。

为进一步探究银川市彩钢板建筑群的集聚强度和集聚规模，本节对银川市上述 4 个年份的彩钢板建筑做了 Ripley's $L(d)$ 指数分析，计算结果详见表 5.3 和图 5.10。分析后不难发现，在不同空间尺度下银川市 4 个年份的彩钢板建筑群集聚程度均高于随机分布的最大值，全部通过显著性检验，说明 4 个年份的彩钢板建筑群空间分布集聚特征显著。

表 5.3　银川市彩钢板建筑 Ripley's $L(d)$ 指数特征

项目	2005 年	2010 年	2015 年	2019 年
$L(d)$ 峰值	19177.2	15162.5	10635.5	10048.1
峰值距离/m	16400	20600	21400	22000

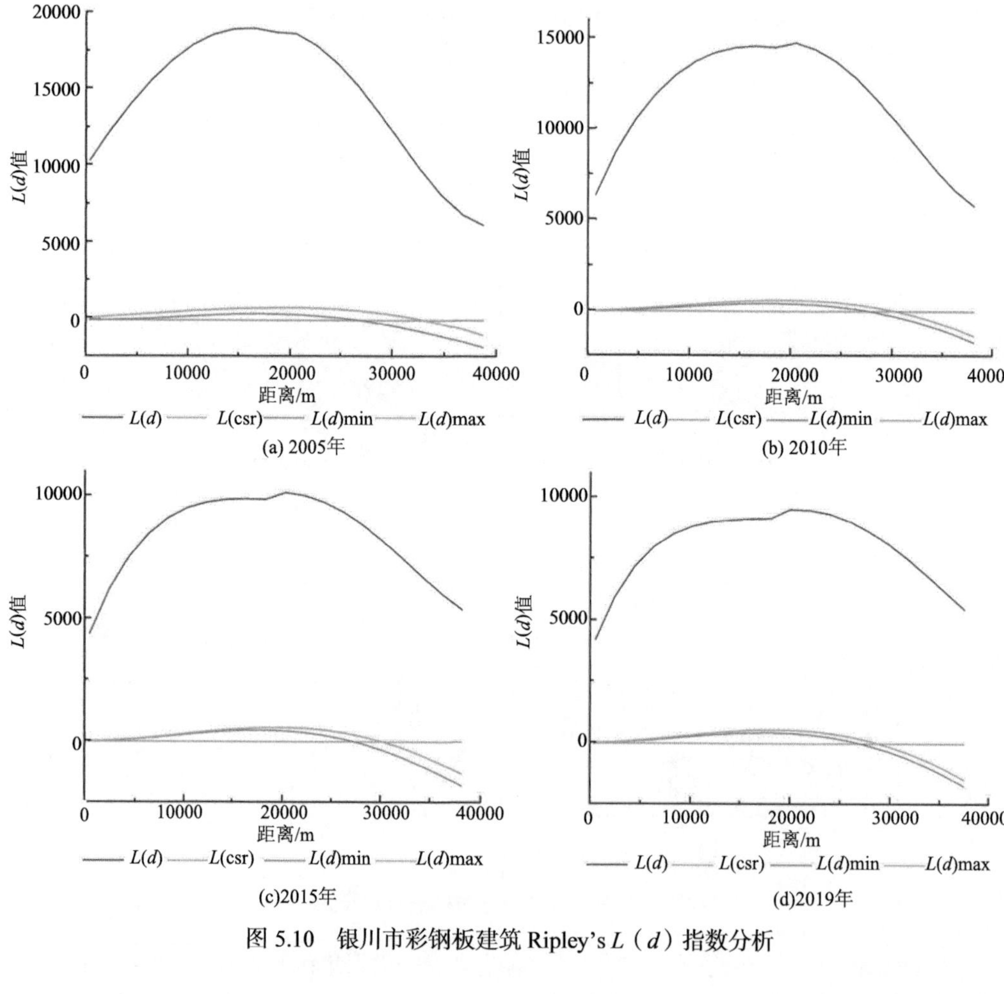

图 5.10　银川市彩钢板建筑 Ripley's $L(d)$ 指数分析

2005 年、2010 年、2015 年、2019 年 $L(d)$ 曲线都呈现先上升后下降的倒 "U" 形集聚特征。2005 年、2010 年、2015 年、2019 年 $L(d)$ 达到峰值的距离分别为 16400m、20600m、21400m 和 22000m，相应的 $L(d)$ 峰值分别为 19177.2、15162.5、10635.5、10048.1。这个结果表明，2005 年银川市彩钢板建筑群的集聚强度较大但集聚规模较小，此后集聚强度不断下降，但集聚规模不断扩大，集聚强度在 2015 年以后缓慢减小，表现出更大范围内的集聚，这种空间集聚差异和产业园区的变化一致。2015 年以前是彩钢板建筑快速增长阶段，2015 年以后受区域内建筑物饱和以及政策的影响，彩钢板建筑有局部地区扩张趋势。2019 年以后彩钢板建筑进入平稳增长期，集聚强度与集聚规模变化趋于平稳。

5.2.3　彩钢板建筑的时空均衡演变评价

前文通过对彩钢板建筑宏观规模演变趋势及空间格局演变过程的分析，发现彩钢板建筑群在银川市各区县（市）内的数量和空间分布均存在明显的不均衡特征，空间差异较大，有待进一步借助一些定量方法来测算。为此，本节使用洛伦兹曲线与基尼系数分析银川市彩钢板建筑群的时空均衡性，计算结果如图 5.11 所示。

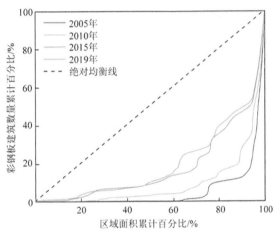

图 5.11　银川市彩钢板建筑洛伦兹曲线图

将洛伦兹曲线与彩钢板建筑群绝对均衡线对比，发现 2005 年、2010 年、2015 年、2019 年银川市彩钢板建筑群空间分布的洛伦兹曲线均呈下凹的趋势，且随时间推移，距离绝对均衡线越来越近。该现象说明随着时间推移，彩钢板建筑的数量越来越趋于均衡。通过基尼系数计算公式可得，2005 年 $G=0.89$，2010 年 $G=0.81$，2015 年 $G=0.64$，2019 年 $G=0.61$。由此可见，总体上银川市彩钢板建筑群的空间分布呈现出不均衡的态势，虽然不均衡程度有所减弱，但是不均衡态势依然很明显。

5.3　产业园区的时空演变规律

改革开放以来，我国的产业园区已经成为推动经济发展和城镇化的重要工具或手段。产业园区的空间分布及演变特征能够在一定程度上反映产业园区的发展状况。本节通过银川市产业园区时空演变过程的研究，尝试揭示其演变规律，从而为产业园区转型和结构优化等提供客观数据和决策依据，以推动产业园区的合理规划和可持续发展。

5.3.1 产业园区的类型及数量演变趋势

产业园区类型众多，依据产业园区内主要建筑物的类型和功能，可将产业园区分为生产制造型园区、物流仓储型园区、商办型园区以及综合型园区等。根据产业园区主导产业可将其分为工业园、物流园、高新技术产业园、软件园、文化创意产业园及生态农业园等。其中，生产制造型园区以生产制造为主体，建筑物多以车间、厂房为主；物流仓储型园区多以仓库为主，行业涵盖现代物流和交通运输等；综合型园区为包含生产制造型园区、物流仓储型园区和商办型园区三种形态在内的大型综合性园区。

近年来，银川市产业园区增长迅速，规模庞大。截至 2019 年末，产业园区从 2005 年的 16 个增长至 2019 年的 158 个，增长了近 9 倍。其中，兴庆区有 37 个，占产业园区总数的 23.42%，最少的永宁县也有 19 个，占总数的 12.03%。

根据产业园区类型不同，分别统计了银川市产业园区的年际变化，结果如图 5.12 所示。其中，生产制造型园区在 15 年间一直保持匀速增长。2010 年以后商办型园区急速增长，表明以满足各种需求的第三产业为代表的服务业类型的企业快速崛起。物流仓储型园区也迎来飞速增长，这与 2010 年以后电子商务产业的崛起时间高度吻合，说明电子商务产业的兴起促进了物流仓储行业的发展。

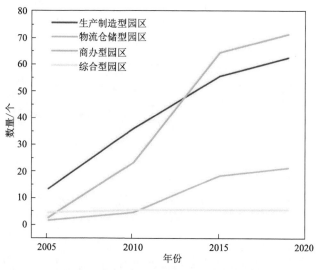

图 5.12 银川市各类产业园区数量统计图

5.3.2 产业园区的时空分布演变过程

1. 产业园区的空间分布变化

将 2005～2019 年所有年份的产业园区与研究区范围图叠加，结果如图 5.13 所示。在空间上，产业园区在不同区县（市）均大量分布，且各地区分布数量不同。产业园区主要分布在金凤区，而周边县（市）较少。在时间上，产业园区呈现由核心城区向外围扩散的态势，且数量增加明显。

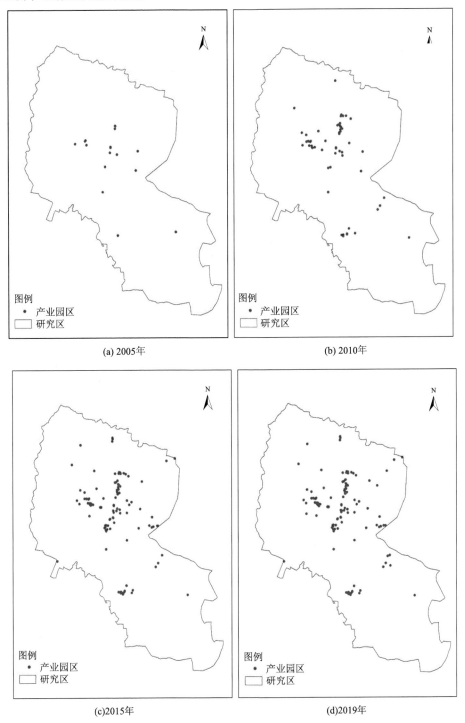

(a) 2005年　　　　　　　　　　(b) 2010年

(c)2015年　　　　　　　　　　(d)2019年

图 5.13　产业园区分布图

2. 产业园区的密度变化

基于核密度分析方法，设定统一的搜索半径、带宽取值和面积权重，生成 2005 年、2010 年、2015 年、2019 年产业园区空间分布核密度图（图 5.14）。对比分析后发现，2005 年产业园区集聚程度最低，主要分布在金凤区中部，贺兰县与金凤区、兴庆区交界以及灵武市中心等地块。2010 年产业园区集聚现象凸显，形成以贺兰县习岗镇为集聚中心的单核心分布特征，同时在西夏区与金凤区交界处形成次级集聚中心。2015 年产业园区密度进一步加强，原来的次级集聚区形成新的核心集聚区，灵武市的集聚程度进一步加强。到 2019 年核心区域产业园区密度继续增大，并且形成以 4 个核心区域为主体的多级核心集聚的空间分布特征。

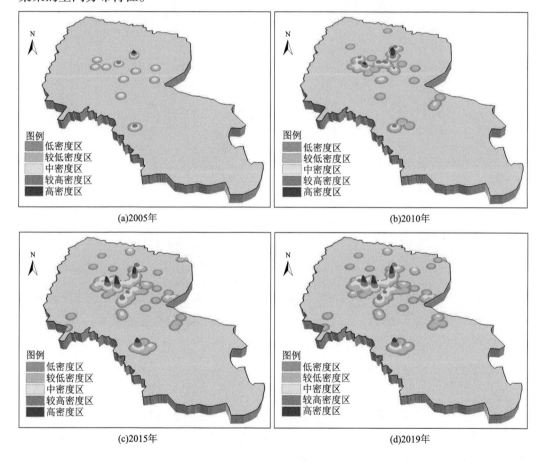

图 5.14　产业园区核密度分析

3. 产业园区的集聚性变化

为更好地揭示产业园区时空演变规律及集聚特征，在直观分析产业园区空间分布和密度的基础上，有必要进一步研究产业园区的集聚性。考虑到产业园区面积大小不一，将全市范围内产业园区抽象为点状要素，并设置面积权重，分别计算了 2005 年、2010 年、2015 年、2019 年银川市产业园区最近邻指数，结果详见表 5.4。

表 5.4　银川市产业园区最近邻指数

年份	平均距离/m	期望距离/m	最近邻指数	z值	显著性水平	分布模式
2005	4150.61	9975.31	0.41	−4.47	0.00**	凝聚型
2010	2070.61	4949.14	0.42	−8.97	0.00**	凝聚型
2015	1300.06	3348.44	0.39	−13.95	0.00**	凝聚型
2019	1226.94	3174.37	0.38	−14.75	0.00**	凝聚型

**表示通过 1%的显著性水平检验。

分析表 5.4 可得，上述 4 个年份均通过了 1%的显著性水平检验，表现出较高的显著性水平。分析具体计算结果发现，银川市产业园区的平均观测距离都小于预期平均距离，最近邻指数分别为 0.41、0.42、0.39、0.38，均远小于 1，表明银川市产业园区的空间分布始终呈现集聚态势。最近邻指数从 0.41 减小到 0.38，表明银川市产业园区的空间分布集聚特征逐渐增强。

为进一步讨论银川市产业园区集聚空间的方向特征，借助 CrimeStat 软件识别产业园区的热点集聚区，对各年份产业园区的热点集聚区进行了分析（图 5.15）。

进一步分析表明，2005～2019 年产业园区没有形成二级集聚区。2005 年的集聚特征不明显，其主要原因可能在于 2005 年只有 16 个产业园区，且与其空间分布有较大关系。2019 年产业园区爆增到 158 个，逐渐形成 4 个大集聚区，分别为国家级银川经济技术开发区、国家级银川高新技术产业开发区、省级宁夏永宁工业园区以及宁夏贺兰工业园区。

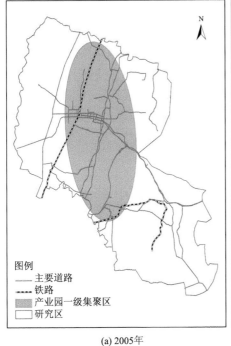

(a) 2005年　　　　　　　　　　　　　　　(b) 2010年

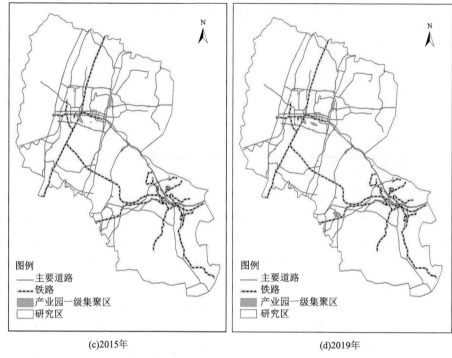

(c)2015年   (d)2019年

图 5.15　产业园区分布热点集聚区

分析还发现，4 个园区均处于交通干线周边区域，因为这些地块具有交通便利、运输成本低和运输效率高的优势。

银川经济技术开发区位于包兰铁路与银新铁路交会处，为综合性园区，其包含多种类型的小型产业园区。在"三调、两转、一示范"发展战略的指引下，该开发区逐渐形成了以高端装备制造业、战略性新材料、生产性服务业和高端健康消费品生产为主要特色的四大产业集群。其中，高端装备制造业和战略性新材料两大集群产业形成了比较明显的优势，如工业和信息化部认定银川经济技术开发区为"装备制造国家新型工业化产业示范基地"。装备制造企业以数控机床、起重机械、特种铸钢、高端轴承、工业机器人等为代表的产品技术水平在国内领先。

银川高新技术产业开发区紧邻银昆高速与古青高速，交通发达。羊绒产业是银川高新技术产业开发区的主导产业，也使灵武市成为全国乃至全世界重要的羊绒集散地和羊绒制品加工基地。

宁夏永宁工业园区地处银川市南郊，距离银川市区 8km、河东国际机场 19km、银川市火车站 17km，境内 109 国道、京藏高速、银川绕城高速穿境而过，形成七纵五横的主干线，交通十分便利。该工业园区是国家特批自治区级工业园区之一，是全区唯一循环经济试点园区，也是银川市重要工业基地。该工业园区属于生产制造性园区，以医药制造业为主导产业，并涉及电气制造、农副产品加工、新型建材等行业。

宁夏贺兰工业园区位于银川市北郊，109 国道穿境而过，园区南部紧邻银川市区，东靠石中高速公路，北至市区北环高速公路，西与银川市滨河新区相连。距离河东国际机场 15 分钟、银川火车站 10 分钟车程。该园区形成以食品加工、生物制药、新型建材、商贸物流、机电电气为主导的五大支柱产业。

为量化分析产业园区的聚集特征，本章利用 Ripley's $L(d)$ 函数进行了计算，结果如图 5.16 所示。分析产业园区的 Ripley's $L(d)$ 函数图后发现 2005～2019 年的 $L(d)$ 指数均大于 0，且均显著高于随机分布模拟的最大值[$L(d)$max]，全部通过显著性检验，表明在 0～40000m 空间分布上显著集聚。

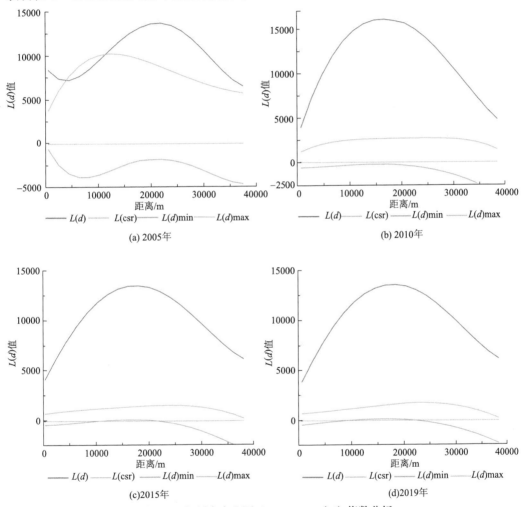

图 5.16　银川市产业园区 Ripley's $L(d)$ 指数分析

具体来看，2005 年在小范围内集聚不明显，但是在 10500m 以后 $L(d)$ 指数大于 $L(d)$ max，呈现集聚分布。除了 2005 年以外的 3 个时间节点的 $L(d)$ 曲线变化趋势相似，基本呈现先升高后下降的倒 "U" 形集聚特征，但是不同时间节点达到集聚峰值的空间距离差异较为显著。随着时间推移，4 个时间节点达到集聚峰值的空间距离分别为 23000m、19000m、19400m 和 19450m，其对应的集聚强度峰值分别为 14445、16185、13816 和 13618（表 5.5）。

表 5.5　银川市产业园区 Ripley's L（d）指数特征

年份	2005 年	2010 年	2015 年	2019 年
L（d）峰值	14445	16185	13816	13618
峰值距离/m	23000	19000	19400	19450

综上所述，总体上 2005 年产业园区因数量少且空间分布较为分散，在较大距离内呈现集聚分布。除 2005 年以外，集聚峰值的距离向外缓慢拓展，说明产业园区的集聚规模缓慢扩大，同时集聚强度略有缩小。这与银川市重点打造国家级、省级开发区与工业园区有关，且形成的"一区多园"模式表面上隐藏了产业园区的扩张。

5.4　大型彩钢板建筑群与产业园区耦合关系

耦合的定义是两个或者两个以上具有同质耦合键的系统，在一些条件下，通过能流、物流和信息流的超循环，形成新的高级系统的进化过程（翟遇陈，2021；刘耀彬等，2005）。耦合理论包括耦合模式、耦合过程、耦合功能（刘滨谊等，2012）。耦合模式可以从空间形态、空间关系和空间内容这 3 个方面进行表述。其中耦合的空间形态反映的是耦合空间的邻接关系；耦合的空间内容反映的是耦合空间双方的空间功能类型关系，它们主要用于评价微观场地空间尺度上的耦合问题；耦合的空间关系反映的是耦合空间的邻近和区位关系，它主要用于宏观空间尺度上的评价。

本章"耦合关系"是指彩钢板建筑群与产业园区空间分布之间的关系。"耦合关系"程度反映了两种要素的空间融合与发展的过程，也反映了彩钢板建筑趋向产业园区集聚的空间状态。以银川市 2005～2019 年的彩钢板建筑群与产业园区为研究对象，从全局与局部两个方面研究二者之间的耦合特征，分析彩钢板建筑群空间分布的影响因素，该研究可以为产业园区的研究提供新的视角和研究方法。

5.4.1　彩钢板建筑与产业园区全局耦合特征

1. 方向特征

运用标准差椭圆方法，分别对 2005 年、2010 年、2015 年和 2019 年银川市彩钢板建筑群与产业园区进行空间特征分析（图 5.17、表 5.6 和表 5.7）。进一步分析后发现：

（1）2005～2019 年彩钢板建筑标准差椭圆全部呈现明显且稳定的西北—东南方向分布。彩钢板建筑标准差椭圆旋转角在 169.78°～173.56°，变化较小。标准差椭圆覆盖面呈扩张趋势，长半轴由 2005 年的 21359.13m 逐渐增加到 2019 年的 24841.73m，并且标准差椭圆面积由 627.28km² 增大到 1251.68km²，表明彩钢板建筑群覆盖范围显著增大。彩钢板建筑群标准差椭圆的扁率由 0.56 减小到 0.35，表明其集聚方向趋势性越来越不明显。

（2）2005～2019 年产业园区标准差椭圆同样呈现明显且稳定的西北—东南方向分

布。产业园区标准差椭圆旋转角呈现"先减小后增大"的趋势。具体来看，2005～2010
年银川市西北方的贺兰县以及西南方的灵武市宁东镇出现零星分布的产业园区，导致产
业园区标准差椭圆的旋转角减小。2010 年以后旋转角开始增大，主要由于银川市东北方
与西南方出现生态产业园区。

（3）产业园区标准差椭圆覆盖面呈现明显的"阶段式"扩张趋势。第一阶段，2005～
2010 年长半轴与短半轴均无明显变化，椭圆覆盖面积也无明显变化。这主要是因为产
业园区在 2010 年以前局部扩张，并未大范围增加。第二阶段，2010～2015 年，长半轴
由 22198.62m 增大到 23433.03m，短半轴由 11748.37m 增大到 13752.17m，并且标准差
椭圆面积由 819.25km² 增大到 1012.32 km²，表明产业园区覆盖范围显著增大。其原因
可能是 2010 年以后，银川市产业园区呈现"遍地开花"式增长，各个方向均出现新的
产业园区。产业园区标准差椭圆的扁率总体呈现先减小后增大的趋势，表明其方向趋
势性先弱后强。

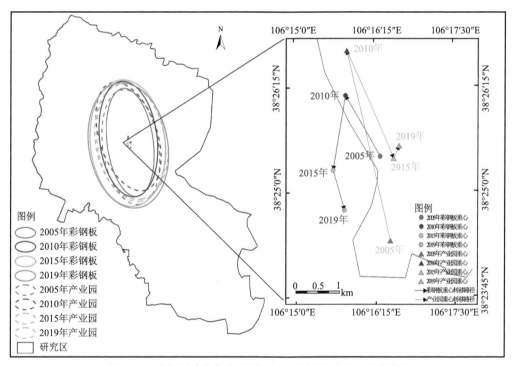

图 5.17　彩钢板建筑与产业园区标准差椭圆及重心移动轨迹

表 5.6　银川市彩钢板建筑标准差椭圆分析结果

年份	中心坐标X/m	中心坐标Y/m	长半轴/m	短半轴/m	扁率	旋转角/(°)	面积/km²
2005	611055.90	4253591.16	21359.13	9349.29	0.56	172.06	627.28
2010	610263.94	4254924.41	22854.75	11694.49	0.49	172.60	839.59
2015	609990.69	4253282.01	24958.88	15205.94	0.39	173.56	1192.22
2019	610248.71	4252404.44	24841.73	16039.52	0.35	169.78	1251.68

表 5.7　银川市产业园区标准差椭圆分析结果

年份	中心坐标X/m	中心坐标Y/m	长半轴/m	短半轴/m	扁率	旋转角/(°)	面积/km²
2005	611295.09	4251726.49	22766.43	11332.05	0.50	170.84	810.42
2010	610290.44	4255918.16	22198.62	11748.37	0.47	160.85	819.25
2015	611368.25	4253549.91	23433.03	13752.17	0.41	169.94	1012.32
2019	611490.89	4253826.77	26960.21	14496.22	0.46	168.40	1043.78

（4）从彩钢板建筑群重心转移路径分析，2005 年重心位于兴庆区内，2005～2010年重心向西北移动了 1.55km。2010～2015 年重心向西南移动了 1.67km。2015～2019 年重心又向东南移动了 0.91km。

（5）从产业园区重心转移路径分析，2005～2010 年重心向西北移动了 4.31km。这段时期产业园区建设重点在市区北部，这与贺兰县的暖泉工业区和德胜工业园区及其周围小型产业园区的快速发展有重大关系。2010～2015 年重心向西南移动了 2.60km。2012年国家在银川市中南部黄河东岸灵武市临河镇设立了银川综合保税区，同年位于兴庆区月牙湖乡的滨河新区正式启动，新兴产业园区快速发展，使得产业园区的分布重心逐渐向西南移动。2015～2019 年重心向东南移动了 0.30km。2015 年以后产业园区增长缓慢，分布重心逐渐趋于稳定。

综上所述，彩钢板建筑群与产业园区空间分布方向大致相同，重心转移趋势在 2005～2015 年大致相似，表明彩钢板建筑群的扩张与产业园区同步进行。产业园区的面积扩大、"一区多园"的模式导致两者重心转移趋势并不完全相同，并且2015 年以后产业园区数量增长变缓，而局部地区产业园区内的彩钢板建筑数量仍持续增加。

2. 集聚特征

为更深入地探索彩钢板建筑群与产业园区二者空间集聚热点区之间的关系，本章对通过集聚特征检验的 2005～2019 年的彩钢板建筑群与产业园区的最近邻层次聚类图进行叠加分析，结果如图 5.18 所示。

进一步分析发现，2005 年产业园区数量较少，没有形成明显的集聚区，所以彩钢板建筑群与产业园区的热点集聚区无法确定。2010 年彩钢板建筑群与产业园区形成了 2 个高度重合的集聚区，集聚区为宁夏贺兰工业园区与银川经济技术开发区西区附近。2015年形成 3 个高度重合的集聚区，新增加的高度重合区域为金凤区的银川市高新技术产业开发区附近，其中原有的 2 个高度重合区集聚方向略有变化，但集聚区依然不变。2015～2019 年彩钢板建筑群和产业园区的热点集聚区主要有 4 个核心区域，即位于西夏区的银川经济技术开发区、灵武市的银川国家高新技术产业开发区、贺兰县的宁夏贺兰工业园区以及金凤区的银川市高新技术产业开发区。上述研究表明，银川市彩钢板建筑群与产业园区均存在集聚特征明显，且二者高度吻合的特征。

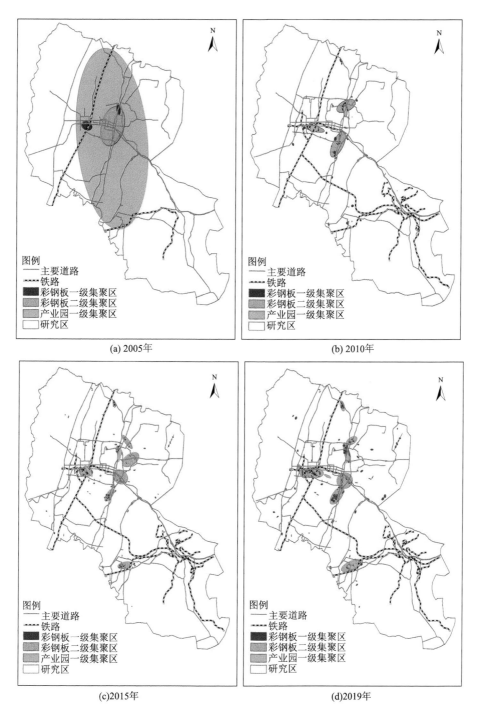

图 5.18 彩钢板建筑与产业园区空间分布热点集聚区

3. 距离特征

为分析彩钢板建筑群与产业园区之间的距离关系，以银川市各年份产业园区的几何中心为圆心，分别以 500m、1000m、1500m、2000m 和 2500m 为半径进行缓冲区分析（图 5.19），并分别计算落在各个半径下的彩钢板建筑数量。

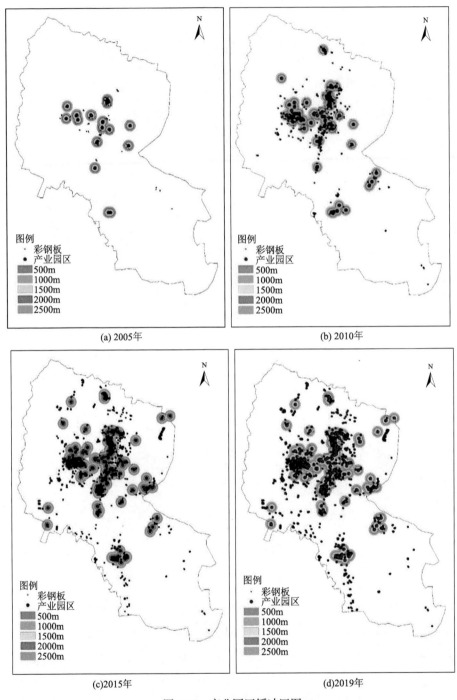

图 5.19　产业园区缓冲区图

　　在银川市产业园区缓冲区图中，可以直观地发现大多数彩钢板建筑是靠近产业园区分布的，尤其以 1000~1500m 的缓冲区内分布最多。其中，在产业园区 500m 范围内出现密集分布，依据产业园区的范围可知这些彩钢板建筑均在产业园区中，这与卫星影像和实地调研的结果一致。

为更加清晰地量化这一观察结果，本章先取 500m 为半径做出缓冲区，计算出缓冲区内彩钢板建筑的数量。依次重复进行 1000m、1500m、2000m、2500m 为半径的数量统计，得到所有彩钢板建筑在不同距离时的数量分布（表 5.8）。因为产业园区面积大多数在 20km² 以内，因此半径 2500m 以上一般不再具有统计意义。根据计算，彩钢板建筑在距离产业园区 500m 时所占比例大致为 40%，随着半径的扩大累计比例不断升高，到达 1500m 时大致为 70%，然后增长变得缓慢，在 2500m 时累计比例大致为 80%。

表 5.8　彩钢板建筑与产业园区空间分布回转半径统计表

2005 年					2010 年				
距离/m	数量/个	比例/%	累计数量/个	累计比例/%	距离/m	数量/个	比例/%	累计数量/个	累计比例/%
500	151	38.13	151	38.13	500	977	42.17	977	42.17
1000	99	25.00	250	63.13	1000	583	25.16	1560	67.33
1500	56	14.14	306	77.27	1500	204	8.80	1764	76.13
2000	5	1.26	311	78.53	2000	88	3.80	1852	79.93
2500	15	3.78	326	82.31	2500	101	4.36	1953	84.29
2015 年					2019 年				
距离/m	数量/个	比例/%	累计数量/个	累计比例/%	距离/m	数量/个	比例/%	累计数量/个	累计比例/%
500	2008	37.74	2008	37.74	500	2398	39.79	2398	39.79
1000	1393	26.18	3401	63.92	1000	1481	24.58	3879	64.37
1500	427	8.03	3828	71.95	1500	512	8.50	4391	72.87
2000	273	5.13	4101	77.08	2000	302	5.01	4693	77.88
2500	144	2.71	4245	79.79	2500	143	2.37	4836	80.25

据此，以距离为横坐标，以该距离上的彩钢板建筑数量为纵坐标，做出彩钢板建筑数量以及与产业园区的距离对应的空间分布曲线图（图 5.20）。从图 5.20 中可发现彩钢板建筑在距离产业园区 500m 时数量最多，在 500～1500m 内快速下降，1500m 之后数量减少缓慢。这说明彩钢板建筑与产业园区空间分布关系密切，在 1500m 以内呈现高度相关性。

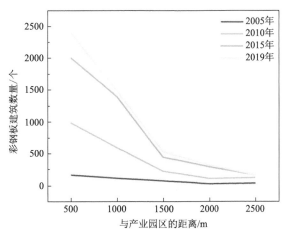

图 5.20　彩钢板建筑数量以及与产业园区的距离对应的空间分布曲线图

以 500m 为半径的产业园区面积大致为 0.8km²，大约 40%的彩钢板建筑位于此范围内。以 1500m 为半径的产业园区面积为 7km²，大约 75%的彩钢板建筑位于此范围内。

4. 位置特征

鉴于历史数据较难获取，因此本章以 2019 年为例，将彩钢板建筑信息与产业园区数据叠加至同一图层，剔除不满足条件的数据，并生成最小多边形，结果如图 5.21 与表 5.9 所示。其中高耦合区 42 个，低耦合区 17 个。高耦合区是指彩钢板建筑群分布区域与产业园区高度重合的区域。低耦合区是指彩钢板建筑分布较少而产业园区分布较多的区域，或彩钢板建筑附近没有产业园区分布，或产业园区附近彩钢板建筑较少或没有的区域。因为某些产业园区面积较大，单个园区内彩钢板建筑分布较多的情况不少，故在此低耦合区只研究彩钢板建筑较少而产业园区分布较多或者彩钢板建筑较多而无产业园区分布区域。

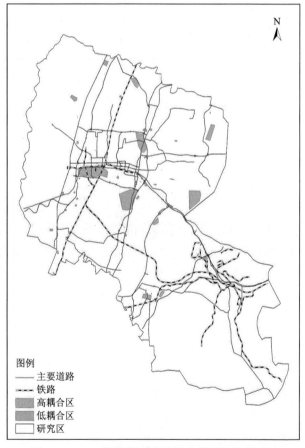

图 5.21　2019 年彩钢板建筑与产业园区耦合区图

进一步分析发现，高耦合区主要在大型产业园区附近，面积最大的耦合区有 6 个。其中国家级开发区为西夏区的银川经济技术开发区以及位于灵武市的银川国家高新技术产业开发区，形成了"一区多园"的发展格局。经济开发区包含金凤区的金凤工业园区、横山工业园区等。高新区包含羊绒产业园、循环经济产业园等。自治区级工业园区为贺兰县的贺兰工业园区以及永宁县的永宁工业园区。其他还包括兴庆区新设立的滨河新区以及位于贺兰县西北部的暖泉工业园区。

总体而言，不同区域形成了大小不一的耦合区，耦合区之间具有相似性。耦合区内部不同地块之间的耦合特征具有明显的差异性，由此形成了不同的耦合特征。

表 5.9 彩钢板建筑与产业园区耦合区域表

区县（市）	高耦合区	低耦合区
西夏区	泾西路、宝湖西路、学院西路、新小公路、通山路、苏正路	银巴高速、乌玛高速、平羌南路、浙平东路、北京西路、兴洲北街、大连西路、马场路
金凤区	宁安大街、康地路、中兴街、东盛街、长城路、湖滨路、朔方路、古青高速、悦通路、横山路、青银高速、东任路、海关路	富安东巷
兴庆区	银昆高速、244国道、赵家湖路、109国道、丽景南街、塔白路、京藏高速、孔司路、兴隆街、长城东路、友爱街、贺兰山东路	解放东路、244国道
贺兰县	金茂路、恒安南街、通山路	镇苏路、南王公路、110国道
永宁县	110国道、宁朔南街、109国道、望滨公路、青银高速	110国道、迎宾大道
灵武市	园艺路、创业西路、洪运东路	黄河路

5.4.2 彩钢板建筑与产业园区局部耦合特征

1. 高耦合区特征

研究区中高耦合区数量众多，选取金凤工业园区作为典型区域进行案例分析。金凤工业园区位于金凤区西南郊，面积大约为 6km^2，距离火车站 1km，距离机场 18km，城市主干道穿境而过，包兰铁路从园区西部而过，交通与物流十分便捷（图 5.22）。通过历史卫星影像可以直观地看到 2005～2019 年金凤工业园区内建筑物的变化情况。

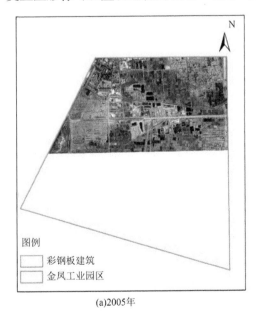

(a)2005年　　　　　　　　　　(b)2010年

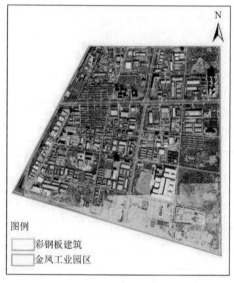

(c)2015年   (d)2019年

图 5.22　金凤工业园区彩钢板建筑分布

　　进一步分析发现,2005 年金凤工业园区内的彩钢板建筑位于园区西北角,数量稀少,但 2005 年以后彩钢板建筑沿城市主干道快速增长。2005~2010 年,彩钢板建筑由 3 个增长至 221 个,约增长了 72.67 倍,主要沿宝湖路与康地路两侧密集分布,集聚特征显著,全园呈现放射状分布。2010~2015 年,彩钢板建筑增长至 708 个,增长了约 2.2 倍,增加区域主要为金凤区西南部的金瑞路附近,该区域主要为建材制造类公司集聚区。2015年以后彩钢板建筑增长变缓,截至 2019 年末,全园彩钢板建筑共 878 个,其他建筑物共184 个,彩钢板建筑数量占全园建筑物数量的 82.67%,面积约占 74.43%。

　　相关统计结果见图 5.23,进一步分析可发现,47.5%的产业为制造业,主要为包装印刷、建材制造等产业。16.2%的产业为租赁与商务服务业,主要为汽车销售、租赁与维修等。这些产业对厂房并无严格限制,彩钢板建筑厂房既可满足其生产服务需求,又能满足厂房建造的经济性。

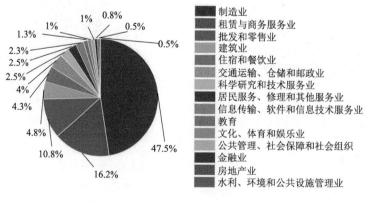

(a) 按行业统计分析

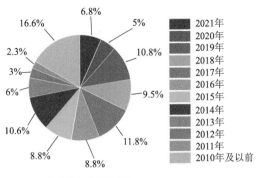

(b) 按注册年份统计分析

图 5.23　金凤工业园区企业统计数据

综上所述，研究发现产业类型决定彩钢板建筑的分布，相同产业类型的园区，其内部彩钢板建筑分布具有相似性。

2. 低耦合区特征

以银川 iBi 育成中心为例（图 5.24），该产业园区位于金凤区宁安大街，属于低耦合区中的极少彩钢板建筑而较多产业园区集聚的区域。

(a)2005年

(b)2010年

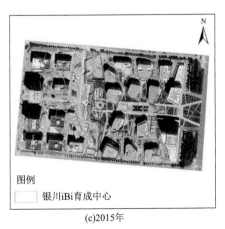

(c)2015年

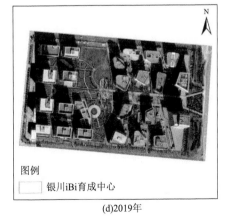

(d)2019年

图 5.24　银川 iBi 育成中心建筑分布图

进一步分析发现，2010 年以前，该片区域还属于城市中未开发利用的土地，建筑物稀少。2015 年以后，产业园区内建筑物突增，并且均为高层建筑物，同时园区中出现彩钢板建筑工棚，说明园区内正在进行建筑施工。2019 年与 2015 年相比，建筑物数量并未增多。对园区内的产业进行统计分析，结果如图 5.25 所示。园区中 93.3%的产业为租赁与商务服务业，主要包含电子商务、动漫影视、软件研发、云计算等领域，因此这个园区属于高端数字化园区，且 85.6%的企业都在 2021 年入驻。

总体来看，银川 iBi 育成中心属于新建成较为"年轻"的高新技术产业园区，产业类型以第三产业为主，所以该园区内并无彩钢板建筑分布。

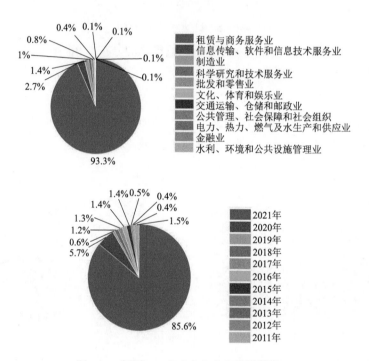

图 5.25　银川 iBi 育成中心企业统计数据

此外，部分地块彩钢板建筑密集分布，但区域内无产业园区（图 5.26）。该区域位于银川市兴庆区东北角 244 国道西侧的农场与牧场企业集聚区域。2005 年、2010 年因为无建筑物而不在此展示，2015 年以后出现大量彩钢板建筑，并且彩钢板建筑形状呈长条状，主要用于养殖场顶棚。这些养殖企业主要有骏华农牧、宁夏好乐美牧业有限公司、银川嘉诚春天奶牛养殖专业合作社、宁夏辉豪养殖有限公司和宁夏众胜昌牧业有限公司等。

为什么会出现这种现象？通过多时相高分影像可发现，银川市特有的畜牧业均位于城市边缘地区，该地区属于城市的扩张或待改造区域。养殖需搭建养殖棚和加工厂房，彩钢板建筑具有易建设、成本低、周期短、易拆迁等优点，因此成为畜牧业产业化发展的优先选择。

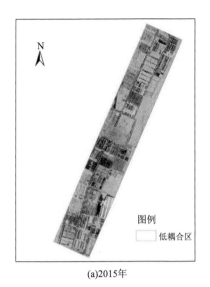
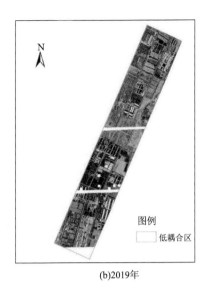

(a)2015年　　　　　　　　　　　　　　(b)2019年

图 5.26　低耦合区与建筑分布图

5.4.3　彩钢板建筑群产业园区空间分布的影响因素

1. 影响因子的选取与预处理

前文研究表明彩钢板建筑群的时空分布受到多方面因素的影响，以区或街道单元为研究区域存在范围过大、P 值显著性过低等问题，从而掩盖了彩钢板建筑群空间分布的真实性。由此，本章采用栅格网格化方法对银川市彩钢板建筑的解释力进行探测，借鉴已有研究经验以及现有数据，选取人口密度（X_1）、GDP（X_2）、夜间灯光（X_3）、土地利用类型（X_4）、产业园区（X_5）、路网密度（X_6）6 项指标作为影响彩钢板建筑分布的因子。

具体方法为，首先，根据彩钢板建筑群与产业园区的核密度值、路网数据的线密度值等将研究区划分为 1000m×1000m 的栅格网；然后，采用重分类中的自然间断点分级法将研究区划分为 5 类；最后，创建行列数为 300m×300m 的栅格网，将重分类后的数据提取至格网中的点，从而得到地理探测器要求的离散化处理的最终结果。

2. 影响因素地理探测器分析

地理探测器结果中的 q 值表示自变量 X 对属性 Y（彩钢板建筑密度）的解释程度，q 值越大表示 X 变量对 Y 的解释力越强，反之则越弱。以 2019 年数据为例，模型探测出的各项指标的 P 值均为 0.00，代表显著性极高，结果如表 5.10 所示。关于因子解释力，由表 5.10 可知，探测因子的解释力（q 值）强弱顺序为：产业园区 X_5 > 夜间灯光 X_3 > 土地利用类型 X_4 > 路网密度 X_6 > GDP X_2 > 人口密度 X_1。2019 年缺少 GDP 数据，故用 2015年数据代替。

表 5.10　银川市彩钢板建筑分布的影响因子解释力

因子	X_1	X_2	X_3	X_4	X_5	X_6
X_1	0.06^*					
X_2	0.20	0.07^*				
X_3	0.21	0.19	0.12^*			
X_4	0.22	0.14	0.16	0.11^*		
X_5	0.58	0.62	0.52	0.54	0.54^*	
X_6	0.15	0.13	0.15	0.13	0.58	0.10^*

注：各驱动因子的解释力（q值）处于对角线上，以*表示。

　　进一步分析发现，产业园区是影响彩钢板建筑空间分布的最主要因素，而人口密度、GDP 和路网密度等对其影响相对较弱，夜间灯光强度能够在一定程度上表征彩钢板建筑的空间分布情况。产业园区是影响彩钢板建筑空间分布的首要因子，其解释力高达 0.54，表明彩钢板建筑群的空间分布受产业园区位置的影响，进一步验证了彩钢板建筑群与产业园区空间分布呈现高度耦合性。

　　土地利用类型是影响彩钢板建筑群空间分布的另一个主要因子。地理探测器土地利用类型计算结果表明彩钢板建筑主要分布在城镇居民用地。从银川市总体规划图上可发现产业园区大多分布在工业用地内，彩钢板建筑同样分布在工业用地内，这印证了彩钢板建筑群与产业园区的空间分布的密切性。

　　路网密度的探测因子系数为 0.10，对彩钢板建筑群空间分布具有正向促进作用。交通越发达，用于生产制造的工厂、仓库等彩钢板建筑越多。同时交通便利也提升了物流效率，用于物流仓储的彩钢板建筑也就越多。参与实验的道路数据包含国道、省道、县道、高速公路、铁路等主要道路数据，一般道路并未计算在内，导致了探测因子系数不高。

　　人口密度与 GDP 的解释力相对较低，原因在于彩钢板建筑一部分分布在省级、国家级开发区内，另一部分分布在城区边界或者郊县与市区交界地带，而在银川市经济、人口较为发达的老城区彩钢板建筑数量相对较少。

　　此外，夜间灯光强度的解释力为 0.12，能够在一定程度上表征彩钢板建筑群的空间分布。在银川市，产业园区大部分分布在市区，而彩钢板建筑主要分布在产业园区中。相较于市区其他商业、住宅区等地块，产业园区的夜间灯光数据明显要弱，容易被市区灯光密集地区的夜间灯光属性遮掩部分分布信息。

　　综上所述，通过彩钢板建筑群空间分布的影响因素交互探测结果可知，各影响因子之间存在着明显的增强协同作用。任意两个因子的交互作用对彩钢板建筑的空间分布的解释力都会显著提高，并且强于单个因子的解释力。产业园区与任一因子的交互作用对彩钢板建筑群空间分布的 q 值都显著提高。此外，银川市城市规划政策的调控，包括产业园区的转型与升级，以及居住、工业用地的开发等方面，也间接影响彩钢板建筑群的空间布局。

5.5　本章小结

基于高分辨率卫星影像数据和产业园区调查数据，本章对银川市 2005 年、2010 年、2015 年与 2019 年的彩钢板建筑群与产业园区的时空耦合关系进行了初步分析，得到如下结论。

1. 银川市彩钢板建筑的时空演变特征

（1）在宏观规模演变趋势上，2005~2019 年银川市彩钢板建筑数量与面积均大幅度增加，其中贺兰县与永宁县的增长速度与规模皆大于中心城区。可将演变阶段划分为两个明显阶段，即 2005~2015 年的高速增长阶段和 2015~2019 年的平稳增长阶段。

（2）在空间分布演变过程上，彩钢板建筑在各区县（市）交界处逐年增长、空间范围不断扩大，空间溢出效应显著。彩钢板建筑群逐渐形成了 4 个核心集聚区，呈现凝聚型分布。总体集聚性虽逐年降低，但核心区域集聚性继续增强，并且沿交通干线分布。

（3）在时空均衡性的评价上，彩钢板建筑群在各区县（市）内的分布并不均衡，空间差异较大。2005~2019 年银川市彩钢板建筑群分布的时空均衡性虽逐年改善，但整体上的洛伦兹曲线仍呈下凹趋势，不均衡态势仍旧较为明显。

2. 产业园区的时空演变规律

（1）在产业园区的结构和数量演变上，不同类型的产业园区数量增长速度存在明显差异。2010 年以后，商办型与物流仓储型园区快速增长，这与电子商务产业的崛起时间高度吻合，表明电子商务产业的兴起促进了物流仓储行业的发展。

（2）在产业园区的空间分布演变上，2005 年产业园区主要分布在金凤区，周边区（县、市）数量较少。随着时间推移，产业园区呈现由核心城区向外围扩散的态势，同时呈现出由"单核心"到"多核心"的演化过程，并形成以 4 个核心区域为主体的多级核心空间格局，空间集聚性逐渐增强。在产业园区集聚规模缓慢扩大的同时，集聚强度略有减小。

3. 大型彩钢板建筑群与产业园区的耦合关系

（1）从全局耦合特征来看，彩钢板建筑群与产业园区的空间分布均呈西北—东南方向，重心转移趋势也大致相同。彩钢板建筑的热点集聚区域与产业园区的热点集聚区域高度重合，形成了 4 个主要的核心，具体而言又包括高耦合区 42 个，低耦合区 17 个。

（2）从局部耦合特征来看，园区类型与彩钢板建筑群分布呈较强的相关性。其中，高耦合区产业类型以制造业为主。低耦合区分为两种：彩钢板建筑数量少、产业园区多的区域，产业类型主要为高新技术产业；彩钢板建筑数量多、产业园区少的区域，产业类型多为畜牧业。

（3）彩钢板建筑群空间分布的影响因子方面，地理探测器模型的计算结果显示，产业园区和土地利用类型等是影响彩钢板建筑群空间分布的主要因素，各因素对彩钢板建筑空间分布的影响力有差异，多因子的共同解释力要普遍强于单一因子。

综上所述，针对彩钢板建筑群与产业园区时空耦合关系的研究属于首次，限于时间、数据源及学术水平等因素，得到的结论仅是初步的、浅显的，研究还存在很多不足之处，有待后续开展深入研究：①受时间影响，产业园区彩钢板建筑群数据提取不完整，时间上也不连续。产业相关数据仅是通过相关统计年鉴和政府报告等获取的，还不完善。基于此，彩钢板建筑群分布的影响因素方面也只选取了 6 个指标，未能对产业园区产业类型演化方面进行深入分析。②采用的数据处理及分析方法多为常规方法，一些深层次的问题还未揭示和研究。在部分产业园区中大规模密集分布彩钢板建筑，这不是偶然，二者之间必然存在一些关联。彩钢板建筑群数据属于时空数据，将其应用于产业园区发展规模、阶段划分、规划合理性等研究中具有一定优势。后续研究期望将彩钢板建筑群数据构建为产业园区的一个量化指标。

参 考 文 献

高超, 金凤君. 2015. 沿海地区经济技术开发区空间格局演化及产业特征. 地理学报, 70(2): 202-213.

李啸虎, 杨德刚. 2015. 水足迹视角下干旱区城市工业结构优化研究——以乌鲁木齐市为例. 中国人口·资源与环境, 25（5）: 170-176.

刘滨谊, 贺炜, 刘颂. 2012. 基于绿地与城市空间耦合理论的城市绿地空间评价与规划研究. 中国园林, 28(5): 42-46.

刘耀彬, 李仁东, 宋学锋. 2005. 中国区域城市化与生态环境耦合的关联分析. 地理学报, (2): 237-247.

宋郃. 2021. 银川市彩钢板建筑与产业园区时空格局演变关系研究. 兰州: 兰州交通大学硕士学位论文.

苏雪串. 2004. 城市化进程中的要素集聚, 产业集群和城市群发展. 中央财经大学学报, 1: 49-52.

万里强, 侯向阳, 任继周. 2004. 系统耦合理论在我国草地农业系统应用的研究. 中国生态农业学报, (1): 167-169.

王缉慈. 2011. 中国产业园区现象的观察与思考. 规划师, 27(9): 5-8.

王凯, 袁中金, 王子强. 2016. 工业园区产城融合的空间形态演化过程研究——以苏州工业园区为例. 现代城市研究, (12): 84-91.

王珞珈, 董晓峰, 刘星光. 2016. 人口城市化与土地城市化质量耦合协调性的时空特征——以甘肃省 12 个中心城市为例. 应用生态学报, 27(10): 3335-3343.

翁加坤, 王红扬. 2012. 上海创意产业园区空间集聚特征研究. 华中师范大学学报(自然科学版), 46(6): 767-773.

杨显明, 焦华富. 2016. 转型期煤炭资源型城市空间重构——以淮南市, 淮北市为例. 地理学报, 71(8): 1343-1356.

翟遇陈. 2021. 江苏省"公园—人口"系统关联耦合的时空格局演化研究. 苏州: 苏州科技大学硕士学位论文.

Geng Y, Zhang P, Côté R P, et al. 2008. Evaluating the applicability of the Chinese eco-industrial park standard in two industrial zones. International Journal of Sustainable Development & World Ecology, 15(6): 543-552.

Heeres R R, Vermeulen W, Walle F. 2004. Eco-industrial park initiatives in the USA and the Netherlands. Journal of Cleaner Production, 12(8-10): 985-995.

Jiang G H, Ma W Q, Wang D Q, et al. 2017. Identifying the internal structure evolution of urban built-up land sprawl (UBLS) from a composite structure perspective: A case study of the Beijing metropolitan area, China. Land Use Policy, 62: 258-267.

Masahisa F, Jacques-François T. 2019. New economic geography: An appraisal on the occasion of Paul Krugman's 2008 nobel prize in economic sciences. Regional Science & Urban Economics, 39(2): 109-119.

Song H, Yang S, Gao L. 2021. Research on spatial and temporal pattern evolution of large color steel building in Yinchuan. IOP Conference Series: Earth and Environmental Science, 693(1): 012113.

Wang S, Lu C, Gao Y, et al. 2019. Life cycle assessment of reduction of environmental impacts via industrial symbiosis in an energy-intensive industrial park in China. Journal of Cleaner Production, 241: 118358.

Yang S W, Ma J J, Wang J M. 2018. Research on Spatial and Temporal Distribution of Color Steel Building Based on Multi-Source High-Resolution Satellite Imagery. Beijing: ISPRS-International Archives of the Photogrammetry, Remote Sensing and Spatial Information Sciences.

Zheng S, Sun W, Wu J, et al. 2017. The birth of edge cities in China: Measuring the effects of industrial parks policy. Journal of Urban Economics, 100: 80-103.

第6章

彩钢板建筑群火灾风险评价及消防救援优化

6.1 引 言

彩钢板建筑材质特殊，具有防火性低、易燃烧、易倒塌，且着火后难以扑救、产生的烟气有剧毒等特性，因此具有较高的火灾风险。统计历年来的火灾事故发现，彩钢板建筑密集区已成为新的城市火灾易发区和消防重点防范区。

在研究区中，城中村小型彩钢板建筑大规模密集分布（Wang et al.，2019；Yang et al.，2018）。然而，城中村建筑物密度大，道路多为比较窄、多拐弯的小巷道。根据实地调研，这些道路消防车大多难以通行。因此，一旦发生火灾救援难度极大，加之彩钢板建筑快速燃烧，容易造成重大的人员伤亡事故，历次火灾均说明了该问题。大型彩钢板建筑聚集区主要为产业园区，与城中村不同，产业园区中的彩钢板建筑不但单个面积大，还经常成片出现，范围大（宋郆，2021）。工厂聚集、物流仓储密布的产业园区因本身特性，一旦发生火灾则存在易燃易爆等问题，火灾风险等级高。由此，彩钢板建筑群聚集的城中村、产业园区等地块已成为城市火灾防灾减灾的高风险区域（高丽雅，2021）。随着城市化发展，城区核心区域彩钢板建筑在不断改造、拆除的同时，新的城市边缘区彩钢板建筑群又相继出现。因此，彩钢板建筑所带来的城市火灾问题将长期存在。

目前，对彩钢板建筑火灾方面的研究多集中在火灾事故案例分析上，而针对区域性彩钢板建筑群的消防救援等问题研究得较少。随着彩钢板建筑群聚集量的增加，其火灾造成的人员伤亡和经济损失也愈加严重。因此，对城市彩钢板建筑群火灾风险进行可靠、有效的评估，对消防站点进行科学、合理的规划已迫在眉睫。

综上所述，以兰州市为例，本章在依据POI点进行消防站点规划的基础上（陈振南等，2020；祝明明等，2018），综合分析了兰州市 POI 点稀少地区彩钢板建筑群的消防安全隐患（高丽雅，2021）。通过彩钢板建筑群、POI 点及火灾统计数据的时空分布特征分析研究了三者之间的空间耦合关系（Gao et al.，2021）。结合现有消防站点及路网数据，基于"位置-分配"模型对兰州市的消防站点进行优化研究，为兰州市消防救援建设提供参考依据。

6.2　多火灾要素空间耦合分析

6.2.1　技术路线

在大量实验研究的基础上，本章构建的技术路线（图 6.1）主要包括三个关键步骤。

第一步，数据预处理，包括影像融合、OpenStreetMap 和火灾灾情数据处理等，以得到城市彩钢板建筑群、POI 和火灾点矢量数据等；

第二步，六边形蜂窝格网建立，将相关研究数据进行核密度处理后与格网图层叠加，得到各数据密度格网图；

第三步，采用多变量归一化的方法使 3 组数据处于同一范围内，进而利用双因素制图法使其空间耦合关系可视化，以判断两两数据之间的耦合关系。在此基础上，分析三因素的耦合特征及其背后的城市火灾风险特征。

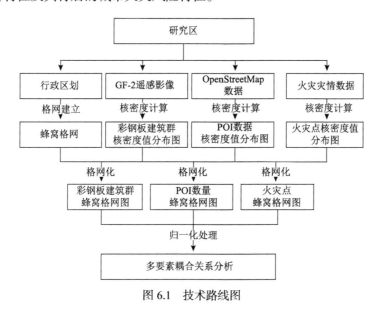

图 6.1　技术路线图

6.2.2　标准化处理

1. 矢量数据格网化

为能更好地对比彩钢板建筑群、POI 及火灾点数据间的耦合关系，本节创建了接近圆形且拓扑关系丰富的蜂窝六边形格网，生成的研究区蜂窝格网如图 6.2 所示。将彩钢板建筑数据进行要素转换，核密度分析处理后同格网进行叠加，得到彩钢板建筑群核密度规则格网图（图 6.3）。应用同样的方法得到 POI 核密度规则格网图（图 6.4）和火灾点核密度规则格网图（图 6.5）。通过该格网分布能够有效地叠置各种信息，展示其空间分布和聚集特征，为后续研究提供基础。

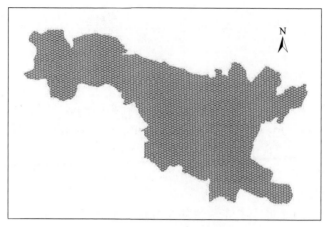

图 6.2　研究区蜂窝格网

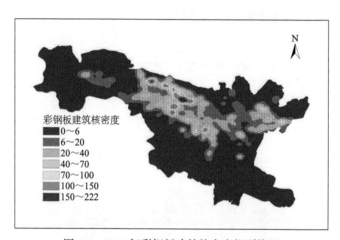

图 6.3　2017 年彩钢板建筑核密度规则格网

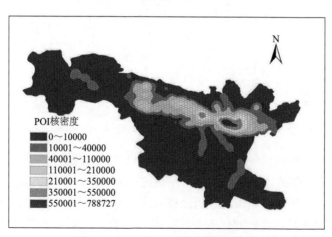

图 6.4　2017 年 POI 核密度规则格网

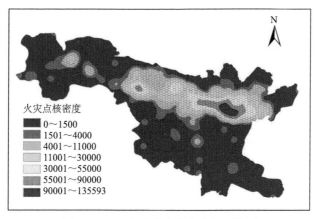

图 6.5　2017 年火灾点核密度规则格网

2. 归一化处理

对彩钢板建筑群、POI 和火灾点核密度值进行归一化处理。将值归一化至[1，150]内，并将归一化后的点核密度值按照标准法进行分级处理，分为高、中、低三级，如表 6.1 所示。利用空间连接将点核密度分级字段链接起来，两两结合，得到高-高、中-中、低-低、高-中、高-低、中-高、中-低、低-高、低-中 9 种组合，组合分布结果如图 6.6~图 6.8 所示。

表 6.1　彩钢板建筑、POI 和火灾点核密度分级

彩钢板建筑核密度			POI 核密度			火灾点核密度		
低	中	高	低	中	高	低	中	高
<15	15~110	>110	<3	3~35	>35	<4	4~6	>60

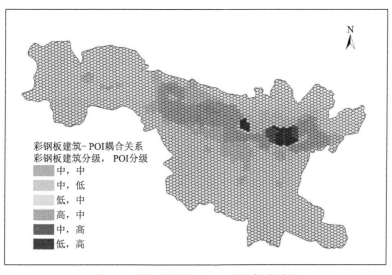

图 6.6　彩钢板建筑和 POI 空间耦合关系

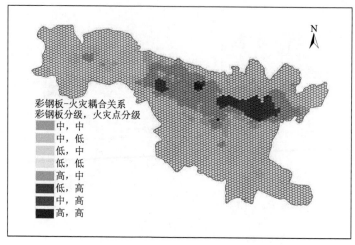

图 6.7　彩钢板建筑和火灾点空间耦合关系

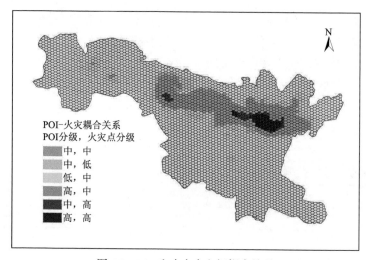

图 6.8　POI 和火灾点空间耦合关系

6.2.3　空间耦合分析

空间耦合是研究多要素空间关系的一种方法（白杨和刘稳，2017）。此后，学者们进行了诸多探索，如刑维芹等（2001）、Roy 等（2018）将空间耦合用于地理空间关系研究取得了较好成果。针对彩钢板建筑群的环境和材质导致其存在高风险火灾等问题，在城市彩钢板建筑群、POI 与火灾点的空间位置之间存在某些耦合关系，其耦合相同及相异区域在一定程度上代表了城市空间结构和火灾风险的差异。

1. 总体分布特征及耦合关系

对图 6.3 分析可发现，小型彩钢板建筑主要集中分布在安宁区西南部的城中村中，大型彩钢板建筑主要分布在沙井驿街道片区的大型工业园区中。此外，在西固区东部也大规模分布着大量彩钢板建筑，包括大型彩钢板工业建筑和小型彩钢板棚户区建筑。

POI 空间分布与彩钢板建筑群分布存在明显的差异。POI 点是基于城市位置服务的核心数据，在一定程度上反映该区域的城市功能属性。图 6.4 中 POI 的密度值由中心向外围呈环形逐渐减小，密度较高区域呈带状分布，这与兰州市的城市形态有紧密的联系。中心密度最高区域位于城关区西城区，也就是兰州市的老城区，其特点是大型商场、酒店、服务行业密集分布，政府机关、火车站和大学等都坐落在这里。次高级密度环区的中心区域位于七里河区北部，该区域分布有大量的住宅区、医院和商场。

从图 6.5 中看出，兰州市火灾频发且分布广泛。对比图 6.3 和图 6.4，发现彩钢板建筑群和 POI 的密度分布区均与火灾点密度分布区基本吻合。因此，以大型彩钢板建筑为代表的工业区、以小型彩钢板建筑为代表的城中村和以 POI 点为代表的经济繁荣区，均是火灾多发的高危区。进一步通过属性字段计算发现，POI 和火灾点的耦合区域高达 92.07%，说明这些数据是进行火灾评估和消防布局规划的有效依据。若将"POI < 火灾点"的彩钢板建筑密集区域视为火灾评估危险区，其空间耦合比例如图 6.9 所示。

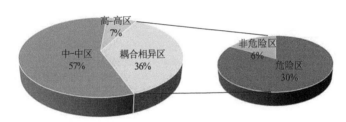

图 6.9　POI 与火灾点的空间耦合比例

由图 6.9 发现，若单纯以 POI 为量化指标来预测评估火灾发生可能性，会忽略约 30%的危险区。

2. 耦合相异区空间分析

除大部分高耦合区域以外，有一些区域呈现耦合相异状态，虽然这些区域所占比例较小，但对研究城市规划发展和预防火灾具有特殊的意义。因此，本节采用双因素制图法探究耦合相异区的空间分布特征及其城市空间结构。

1）彩钢板建筑和火灾点的空间耦合分析

彩钢板建筑高于火灾点的密度区如图 6.10 所示，具有如下特征。

（1）"高-中"耦合区范围较小，主要存在于安宁区银滩路街道、沙井驿街道和西固区陈坪街道，以城中村棚户区为典型城市建筑物。经调研发现，城中村小型彩钢板建筑密集，人口流动量大且线路老化严重，道路拥挤，城市空间结构复杂，一旦发生火灾救援难度大。

（2）"中-低"耦合区域主要分布在乡镇区域，彩钢板建筑多为民用搭建，分布间距较大，发生火灾的可能性低且火灾造成的危害较小。

彩钢板建筑低于火灾点的密度区如图 6.11 所示，存在的特征如下。

（1）"低-高"耦合区集中分布在城关区中心城区，商业、服务业繁荣，城市规划建设较为完整，彩钢板建筑必然稀少。人口密集，致灾因子较多，易引发易燃易爆型灾害且容易造成严重后果。

（2）"中-高"耦合区也是经济较为繁荣的城区，除老城区外，西固区也存在大面积经济发展较快的城区，建材厂、工厂密集，大面积的彩钢板建筑群用于产业园区建设。此范围虽火灾次数较少，但大型彩钢板建筑群一旦发生火灾将造成严重的经济损失、人员伤亡，因此也是防灾减灾重点改造区域。

（3）"低-中"耦合区属于经济发展缓慢的郊区，人口稀少，发生火灾的概率较小。

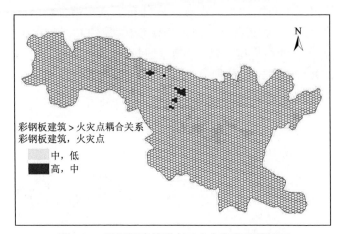

图 6.10　彩钢板建筑群高于火灾点密度等级区

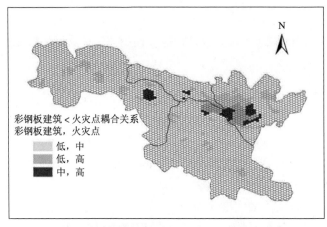

图 6.11　彩钢板建筑群低于火灾点密度等级区

2）POI 和火灾点的空间耦合分析

POI 高于火灾点密度等级区的分布范围很小（图 6.12），具体表现特征如下。

（1）"高-中"耦合区多为旅游服务机构，其空间结构开阔，人口密度小，致灾因子较少，不易引发火灾。

（2）"中-低"耦合区零散分布，主要是公园、艺术馆、研究所管理局所在地，此区域发生火灾的概率低。

　　POI 低于火灾点密度等级区的分布范围较大且零散分布（图 6.13），具体特征如下。

　　（1）"中-高"耦合区主要位于中心城市周边，此区域基础设施相对于市中心较弱，居住人口密集，火灾易发；西固区东部分布有大规模的彩钢板建筑群，城中村人口密集，基础设施落后且发生火灾概率较大，此区域迫切需要进一步规划建设。

　　（2）"低-中"耦合区主要分布在城市近郊。此区域基础设施不完善，人口较多，是城市待扩张区，发生火灾概率较大。

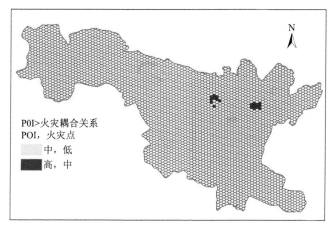

图 6.12　POI 高于火灾点密度等级区

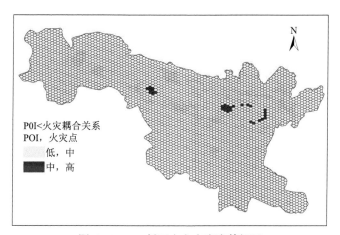

图 6.13　POI 低于火灾点密度等级区

　3）彩钢板建筑群和 POI 的空间耦合分析

　　通过分析，彩钢板建筑群高于 POI 的密度等级区如图 6.14 所示，其具体特征如下。

　　（1）"高-中"耦合区多分布于安宁区西南部。彩钢板建筑的出现是经济刺激的结果，而 POI 是反映经济发展的因素之一，因此说明这些城区处于经济初步发展状态且城市服务设施较少，是城市建设待规划、改造的重点区域。

　　（2）"中-低"区主要分布在安宁区和七里河区郊区。此区域主要为城区向郊区发展的过渡区，彩钢板建筑群所反映的人类活动范围一部分是城市的溢出效应，是城市将来扩张的发展范围，应提前做好合理规划。

　　彩钢板建筑群低于 POI 密度等级区，如图 6.15 所示，从图 6.15 中可以看出彩钢板建筑群低于 POI 密度等级区主要是核心城区，说明此城区经济发展快、基础设施完备，其区域特征为人口密集，服务设施集中。

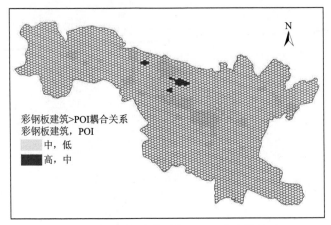

图 6.14　彩钢板建筑群高于 POI 密度等级区

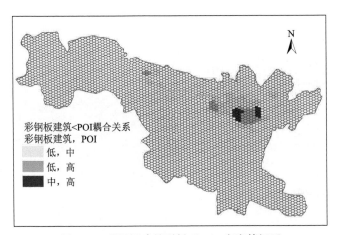

图 6.15　彩钢板建筑群低于 POI 密度等级区

　　综上所述，通过空间耦合关系研究，发现彩钢板建筑群与 POI 空间耦合关系越高的地区，火灾风险性越高。基于以上研究结果，兰州市火灾风险就城市平面角度来看，其火灾后果较为严重、频发的区域主要分为以下两个类型的城区。

　　（1）中心城区 POI 集中分布区。该地区基础服务设施密集，人口流动性强。同时高层建筑物聚集，火灾的救援难度大，火灾的损坏性强；

　　（2）大型彩钢板建筑聚集区和小型彩钢板建筑聚集区，主要包括产业园区大型彩钢板建筑与城中村小型彩钢板建筑。

6.2.4　彩钢板建筑群火灾高风险区分析

　　基于上述研究，以安宁区西南部和西固区东部为重点待改造区域为例（图 6.16），尝试分析彩钢板建筑群存在火灾高风险区域的情况和问题。

　　基于 GF-2 融合影像（0.8m），可清晰地看到研究区彩钢板建筑群密集成片分布。图 6.16（a）为城市大型彩钢板建筑聚集区，主要建筑为产业园区的厂房、物流仓储仓库等，建筑功能决定一旦发生火灾极易造成二次事故和严重的经济损失。图 6.16（b）为小型彩钢板建筑聚集区，其主要为城中村的临时住房、小作坊等。鉴于城中村土地的自然特征，村民只有最大化利用可支配的面积与空间向高层建筑发展，才能使土地的租金收入最大化，由此导致救援道路狭窄，救援难度大，易引发二次灾害及人员伤亡。

　　（a）工业园区　　　　　　　　　　　　（b）城中村

图 6.16　兰州市 GF-2 遥感影像

　　以安宁区王家庄为例。据不完全统计，仅过去 5 年里，该村就发生火灾 30 多起。2019 年 2 月 24 日下午，王家庄内发生彩钢板建筑火灾（图 6.17）。由于靠近主干道，其燃烧近一小时后被扑灭，造成 20 多所房屋被烧毁。

图 6.17　王家庄村彩钢板建筑火灾

　　对该村的道路状况进行调查时发现，村里的道路少且很窄，大多数道路的宽度在

2.5m 以下（图 6.18），但巷道长度多超过 200m。根据规定，消防车道的净宽度和净空高度均不应小于 4.0m。因此，在发生火灾时，消防车无法通过，必然会造成消防救援受阻。

图 6.18　王家庄村彩钢板建筑群分布区街道宽度

基于王家庄村的彩钢板建筑信息和道路分布情况，采用邻域分析和缓冲区分析法对难以有效扑灭的区域进行分析。消防车携带的消防水带长度一般为 50m，消防车宽度大于 2.5m。因此，对宽度大于 2.5 m 的道路缓冲半径设为 50m。50m 缓冲区以外区域为不能及时进行救援区，计算结果如图 6.19 所示。实际上，根据消防车 4m 的可操作通行宽度，能够救援的区域范围更小。

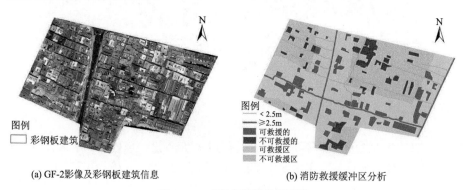

图例
彩钢板建筑

(a) GF-2影像及彩钢板建筑信息

图例
＜ 2.5m
≥ 2.5m
可救援的
不可救援的
可救援区
不可救援区

(b) 消防救援缓冲区分析

图 6.19　王家庄消防救援现状

上述研究结果表明，城中村属于城市内待改造区域，消防基础设施有限，一旦发生彩钢板建筑火灾，在消防车无法到达并有效灭火时，燃烧非常迅速，极易蔓延到邻近地区，从而引起更大的火灾。兰州市城中村、城乡接合部、城市边缘、工业园区等地区普遍存在大量彩钢板建筑群，火灾风险性较高，这对城市消防救援工作提出了更高的要求。

6.3　彩钢板建筑群消防救援优化分析

城市消防站点科学、合理的规划有助于降低火灾风险，促进城市建设和健康发展。彩钢板建筑群聚集区已成为城市新的火灾高风险区域，为此，本章结合 POI 使用"位置-分配"模型对兰州市的火灾风险等级和消防站点优化进行研究，为兰州市消防救援建设提供参考依据。

6.3.1 研究方法和流程

1. "位置-分配"模型

城市服务设施的空间位置在城市布局规划中起着重要作用，合理的空间位置规划可以使公共设施提供更好的服务。"位置-分配"模型（L-A 模型）又称覆盖模型，是一种追求目标设施最适配置的运算方法（王爱等，2021；Rahimi et al.，2008），其原理是通过模拟计算确定一组服务设施的最小数量和最优位置，以满足已知需求点的服务需求。

根据消防站空间分布的特点，本书尝试采用"最大化覆盖范围模型"和"最小化设施点数模型"进行模拟分析。两种模式的不同之处在于，前者覆盖所有需求点，而后者只覆盖有限的需求点。以消防站点、路网、现有消防站点和彩钢板建筑数据为基础数据，采用"位置-分配"模型进行优化配置研究，基础数据叠加结果如图 6.20 所示。

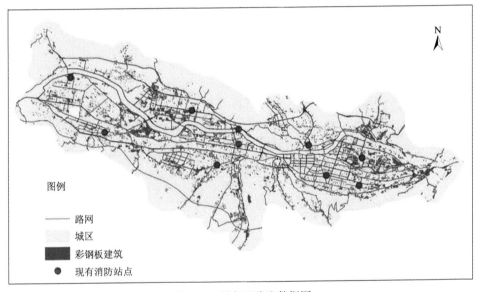

图 6.20 研究区消防数据图

2. 优化流程

消防布局优化过程需要采集多源数据，利用 ArcGIS 建立"位置-分配"模型，以服务范围指标作为模型参数，在选择现有消防站的条件下，不断调整和设置候选点进行运算，计算并选择满足不同抗灾类型条件的候选设施点位置。其基本过程（图 6.21）包括六步：①模拟服务需求的空间分布；②模拟已有设施的空间分布；③找出所有可能的设施候选位置；④指定优化模型，并设置模型参数；⑤系统自动挑选合适的设施选址；⑥对计算结果进行分析，并根据需求进行调整，重新进行模拟分析。

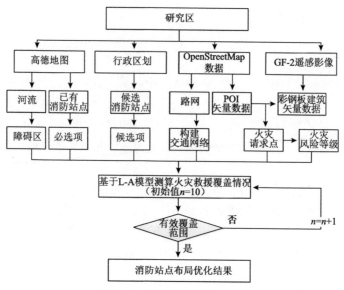

图 6.21 消防站点优化流程

6.3.2 消防站点空间优化

1. 火灾风险等级

火灾风险等级以彩钢板建筑群和 POI 数据为基准,利用合并后的核密度综合划分等级进行城市火灾风险评估(图 6.22)。火灾风险等级共分为 5 级,最高等级为 5 级。风险等级越高,发生火灾的可能性越大,造成的经济损失和人员伤亡越严重。

图 6.22 火灾风险等级划分

分析图 6.22 中的火灾风险等级可发现,火灾高风险区主要集中在城关区中心城区。此外,七里河区的敦煌路街道、秀川街道,安宁区的银滩路街道、孔家崖街道等大面积区域也存在较高的消防安全隐患。

2. 消防站点布局优化

在研究中,"位置-分配"模型(L-A 模型)参数设置为:

(1)结合消防车救援通道要求和实际调研情况,构建交通网络道路宽度要求大于 4m。

(2)考虑区域现状和服务设施范围,对研究区使用 ArcGIS 软件创建渔网并生成矩形网格,确定网格大小为 1km×1km,网格的几何中心作为候选消防站的位置,共获取 1136 个候选消防站(图 6.23)。

(3)实验中以水域作为障碍区。

(4)根据高德地图发布的《中国城市交通分析报告》数据,路网速度设为同期(2017 年 8 月)兰州市交通自由流速度 42.07km/h,将自由流速度作为阻力标准。

(5)结合实际因素,假设消防员需要 40 秒的准备时间,因此驾驶时间只允许 4.2 分钟。

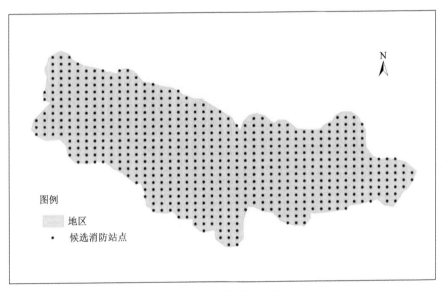

图 6.23 候选消防站点

3. 覆盖现状分析

基于 L-A 模型的最大化覆盖范围模型计算了研究区现有消防站在响应时间内的最大覆盖率。此处选取 10 个现有消防站点作为模拟消防站的必选项,不增加候选消防站点进行模拟计算,计算结果如图 6.24 所示。

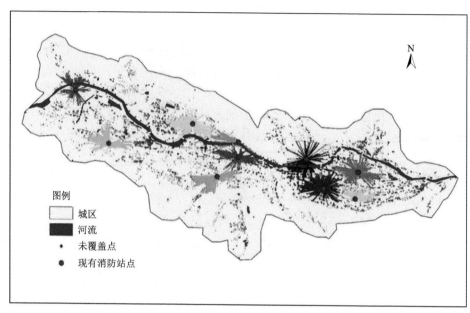

图 6.24　现有消防站点覆盖分析

　　通过覆盖率计算发现，现有消防设施仅覆盖了 14099 个请求点中的 3693 个，覆盖率只占 26.19%，图中现有消防站点的覆盖范围用不同的颜色表示。根据前文确定的 5 级火灾风险等级，将其中 3～5 级区域定义为高火灾风险区参与运算。进一步计算发现高火灾风险区的覆盖率仅为 44.41%，其大部分区域未被覆盖。依据上述分析可知，兰州市消防站点在彩钢板建筑群和 POI 点密集区覆盖情况总体较差，站点布局相对稀疏且不均衡。

　　结合前文列出的火灾风险等级（图 6.22），现有消防站点各类火灾风险的覆盖情况计算结果如表 6.2 所示。

表 6.2　火灾风险区覆盖情况

火灾风险类别	覆盖率/%	主要未覆盖区
等级一	0.35	城市外围郊区
等级二	2.89	城市周边近郊
等级三	42.19	城市内部旅游景区、景观开阔区
等级四	37.96	陈坪街道、秀川街道、拱星墩街道
等级五	52.76	刘家堡街道、建南路街道、皋兰路街道

　　根据现有消防站设施的覆盖率可发现，现有消防站点在 5 分钟响应时间内的覆盖率较低，且在一些重要场所如城关区中心经济繁华区、安宁区高等院校区都存在严重的火灾安全隐患。因此，需要对研究区消防站点进行一定的新站建设和站点优化。

4. 消防站点的空间优化

1）理想化预测：基于最小化设施点数模型

通过最小化设施点数模型来选择恰当的设施点是一种理想化的预测分析（假设资源充足），即要求在响应时间5分钟内覆盖所有请求点并保证站点数量最小化。采用最小化设施点数模型进行模拟计算，不添加现有消防站点，只对候选消防站进行空间模拟布局。模拟结果如图6.25所示，表明研究区内需要建88座消防站可保证在5分钟的救援时间内覆盖所有需求点，图中新增消防站点的每个站点的覆盖范围用不同的颜色标出。这虽然达到了预期效果，但一些消防站点责任区范围内请求点过少，会造成资源配置严重浪费，不符合经济布局原则。

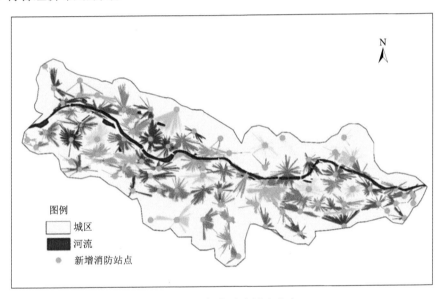

图6.25　理想化消防站点分布

2）长期规划：基于最大覆盖模型

最大覆盖分析是在物力、财力有限的情况下进行的一种理性的分析方法。其目标是确保最大限度地覆盖火灾请求点。结合实际情况，设置优化目标为将整体覆盖率提升到70%以上，火灾高风险区覆盖率提升至85%以上。采用最大覆盖模型进行模拟计算：①添加现有的消防站点作为必选项，并增加1136个候选消防站点作为候选项。②选择设施点数为10+n依次进行叠加模拟运算，并依次计算其覆盖比例和火灾高风险区覆盖比例，直到满足实验目标。

模拟覆盖计算结果如表6.3所示，根据长期规划研究区内新增14座消防站点，当总消防站点数上升至24个时，整体覆盖比例提升到70.02%，火灾高风险区覆盖率提高到86.63%。优化后新的消防站点布局如图6.26所示，图中现有消防站点、新增消防站点的每个站点的覆盖范围用不同的颜色标出。

经过以上步骤，综合现状消防站点和新增消防站点可发现，长期规划后的消防站点分布相对密集且较为均匀，与优化前对比，总覆盖比例和火灾高风险区覆盖比例的指标分别提升了 43.83%、42.22%，可基本满足火灾请求点的消防覆盖需求。

表 6.3 消防站点模拟布局结果

新增消防站点代号	5 分钟内能到达的平均耗时/分钟	不能在 5 分钟内到达的火灾点个数/个	覆盖率%	高风险区覆盖率%
0	2.66	10407	26.19	44.41
1	2.66	9433	33.09	52.20
2	2.67	8753	37.92	58.88
3	2.65	8184	41.95	60.21
4	2.62	7711	45.31	64.86
5	2.64	7254	48.55	68.80
6	2.60	6821	51.62	69.29
7	2.61	6448	54.27	73.19
8	2.62	6075	56.91	75.73
9	2.63	5709	59.51	79.66
10	2.62	5372	61.90	79.66
11	2.62	5044	64.22	82.11
12	2.60	4745	66.35	82.17
13	2.58	4464	68.34	84.39
14	2.57	4227	70.02	86.63

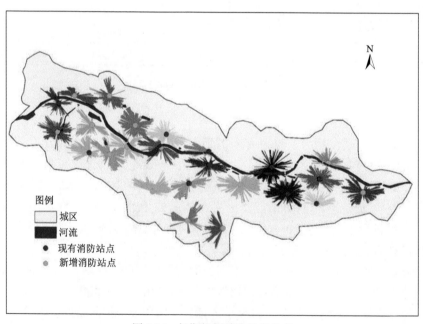

图例
城区
河流
● 现有消防站点
● 新增消防站点

图 6.26 长期规划消防站点分布

3）短期规划：基于容量限制的最大覆盖模型

　　最大覆盖范围分析是通过追求更高的请求点覆盖率得到，试验过程不考虑请求点的火灾风险差异性。在长期规划的基础上，消防站点应力求在较短时间内以较少的消防站点覆盖较多的高风险需求点。根据最大覆盖模型模拟测算，依次计算各新增消防站点覆盖各等级火灾风险的比例，得到新增消防站点与火灾高风险覆盖的关系（图 6.27）。

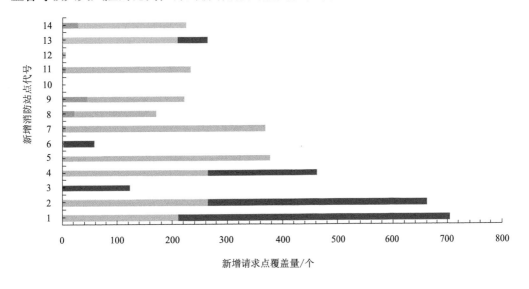

图 6.27　新增消防站点与火灾高风险覆盖关系

　　由图 6.27 得出新增各消防站点高风险区覆盖情况差别明显，其中消防站点代号分别为 1、2、4、9 的站点高风险区请求点的覆盖量最大，从而将新建的 4 座消防站点作为兰州市目前短期优化建设目标，新增 4 座消防站点后，其消防站点分布如图 6.28 所示。图中现有消防站点、新增消防站点的每个站点的覆盖范围用不同的颜色标出。

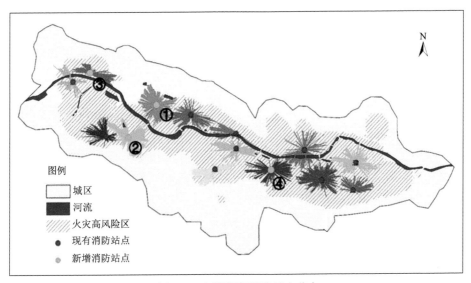

图 6.28　短期规划消防站点分布

进一步研究表明，需要新增加的 4 个消防站点的基本情况如下。

（1）代号为 1 的消防站位于安宁堡街道桃林路 191 号，其周边环境复杂，包括兰州职业技术学院、兰州师范家属院及兰州市第二十中学等多个校区，此外还有兰州经济技术开发科技孵化中心、公司等众多单位，火灾脆弱性较强且致灾因子较多。

（2）代号为 2 的消防站位于西固区陈坪街道福利东路 13 号，周边的学校、城中村以及兰州鑫大兴石化科技有限公司均具有较大的火灾风险性。

（3）代号为 4 的消防站位于安宁区沙井驿街道北滨河西路 1746 号，是汽车销售服务公司的集中分布区，存在较多的致灾因子且一旦发生火灾，易引发易燃易爆性灾害，经济损失严重，火灾后果不堪设想。

（4）代号为 9 的消防站位于七里河区西园街道华坪三马路 150 号，是幼儿园、小学和居民区的集中分布区，属于人口密集型场所且人群脆弱性强。

综上所述，在以上四处建设消防站点可以为当地的消防火灾风险提供安全保障。

4）优化调整各消防站点责任区面积

根据《城市消防规划规范》（GB 51080—2015）和《城市消防站建设标准》（建标152—2007）文件说明，城市消防站布局应在接到报警后 5min 内到达责任区域边缘，每个消防站的最大责任区域面积不超过 15km²（城市近郊区）。责任区面积是指已覆盖请求点的最小几何边界面积。经过短期优化配置和长期优化配置计算，研究区新增 4 座、14座消防站点均符合标准。

综上所述，在现有消防站点基础上，短期内需新建 4 座消防站点（图 6.28），可最大限度地提高火灾风险区覆盖效率；长期内需新建 14 座消防站点（图 6.26），其总体覆盖率达 70.02%，可覆盖 86.63% 的高火灾风险区。优化后的消防站，加上未考虑的微型消防设施等，可基本满足研究区的消防需求，实现研究区的优化目标。

6.4　本章小结

本章重点研究了两个方面的问题，一是彩钢板建筑及 POI 与火灾点数据的空间耦合关系；二是综合考虑彩钢板建筑群、POI 数据的兰州市城区消防设施空间优化。获得的主要结论如下。

（1）彩钢板建筑与 POI 的结合应用可有效映射研究区火灾风险分布情况。彩钢板建筑群大规模聚集分布于城中村和产业园区等地块，其中城中村人口密集、火灾多发，救援道路狭窄，救援难度大；产业园区彩钢板建筑规模庞大，成片出现，发生火灾后影响范围大，危害程度高。彩钢板建筑群、POI 和火灾点的耦合相异区体现了城市空间结构的差异，也反映了一定区域的社会问题，其中安宁区西南部和西固区东部为重点待发展区。

（2）根据测算研究区目前消防站点空间分布还不完善、数量偏少。存在的问题主要有：①市区现有消防站在响应时间内请求点的整体覆盖率较低，覆盖率仅为 26.19%，而高火灾风险区覆盖率为 44.41%。②辖区内消防站空间布局分散，存在较大盲区。③通过计算高火灾风险区覆盖率、各消防站的整体覆盖率和责任区面积，要较好地解决消防隐患，根据空间优化布局分析，短期内需增加 4 座消防站点，长期目标为增加 14 座消防站点。

限于数据的完备性和时效性及研究方法的选择等因素，部分问题还未解决，需要深入探索，如本火灾请求点仍需要改进，除城市 POI 和彩钢板建筑群外，后续研究需要拓展其他空间致灾因子，才能更准确、全面地表达火灾请求点的空间分布。

参 考 文 献

白杨, 刘稳. 2017. 基于 GIS 位置分配模型的公交站点布局优化研究——以武汉市南湖片区为例. 城市公共交通, (10): 26-31.

陈振南, 吴立志, 夏登友, 等. 2020. 基于城市火灾风险的消防站分级覆盖选址模型——以济南市区为例. 中国安全生产科学技术, 16(7): 18-24.

高丽雅. 2021. 兰州市彩钢板建筑群火灾风险分析及评价. 兰州: 兰州交通大学硕士学位论文.

高丽雅, 李轶鲲, 杨树文, 等. 2021. 中国西北城市的彩钢板建筑群消防救援优化分析——以兰州市为例. 测绘与空间地理信息, 44(11): 31-39.

宋邰. 2021. 银川市彩钢板建筑与产业园区时空格局演变关系研究. 兰州: 兰州交通大学硕士学位论文.

王爱, 张强, 陆林, 等. 2021. 多源数据支持下城市火灾风险评估及规划响应. 中国安全科学学报, 31(3): 148-155.

邢维芹, 王林权, 李生秀. 2001. 非充分灌溉下夏玉米的水肥空间耦合效应研究. 陕西农业科学(自然科学版), (3): 1-3.

祝明明, 罗静, 余文昌, 等. 2018. 城市 POI 火灾风险评估与消防设施布局优化研究——以武汉市主城区为例. 地域研究与开发, 37(4): 86-91.

Gao L, Li Y, Yang S, et al. 2021. Spatial coupling analysis between color steel buildings, urban hot spot and fire point—a case study of Lanzhou. IOP Conference Series: Earth and Environmental Science. IOP Publishing, 693(1): 012036.

Rahimi M, Asef-Vaziri A, Harrison R. 2008. An inland port location-allocation model for a regional intermodal goods movement system. Maritime Economics & Logistics, 10(4): 362-379.

Roy A G, Navab N, Wachinger C. 2018. Concurrent Spatial and Channel 'Squeeze & Excitation' in Fully Convolutional Networks.Strasbourg: International Conference on Medical Image Computing and Computer-Assisted Intervention.

Wang J M, Yang W F, Yang S W, et al. 2019. Research on spatial distribution characteristics of color steel buildings in Anning District of Lanzhou. Modern Environmental Science and Engineering, 5(7): 583-589.

Yang S W, Ma J J, Wang J M. 2018. Research on Spatial and Temporal Distribution of Color Steel Building Based on Multi-Source High-Resolution Satellite Imagery. Beijing: ISPRS-International Archives of the Photogrammetry, Remote Sensing and Spatial Information Sciences.